能源与电力分析年度报告系列

2018

中国新能源发电
分析报告

国网能源研究院有限公司　编著

中国电力出版社
CHINA ELECTRIC POWER PRESS

内 容 提 要

　　《中国新能源发电分析报告》是能源与电力分析年度报告系列之一，主要对 2017 年风电、太阳能发电等并网运行情况、相关政策法规和热点难点问题进行了全面的分析与研究。本报告已成为新能源领域十分重要的借鉴。

　　本报告翔实总结了 2017 年新能源发电的开发建设和运行消纳情况，针对新能源发电技术，进行了深入的成本分析；结合产业政策的全面梳理，展望了国内外发展趋势，力求对中国新能源进行全景式扫描，并围绕业界关心的热点难点问题从六个方面进行剖析，增强了认识的深刻性和丰富性。

　　本报告适合于能源电力行业相关的从业者，特别是政策制定者和科研工作者参考使用。

图书在版编目（CIP）数据

中国新能源发电分析报告 . 2018/国网能源研究院有限公司编著 . —北京：中国电力出版社，2018.6
（能源与电力分析年度报告系列）
ISBN 978 - 7 - 5198 - 2189 - 0

Ⅰ . ①中…　Ⅱ . ①国…　Ⅲ . ①新能源－发电－研究报告－中国－2018　Ⅳ . ①TM61

中国版本图书馆 CIP 数据核字（2018）第 135766 号

出版发行：中国电力出版社
地　　　址：北京市东城区北京站西街 19 号（邮政编码 100005）
网　　　址：http://www.cepp.sgcc.com.cn
责任编辑：刘汝青　曹　慧（010-63412382）
责任校对：郝军燕
装帧设计：赵姗姗
责任印制：蔺义舟

印　　　刷：北京博图彩色印刷有限公司
版　　　次：2018 年 6 月第一版
印　　　次：2018 年 6 月北京第一次印刷
开　　　本：787 毫米×1092 毫米　16 开本
印　　　张：9
印　　　数：0001—2000 册
字　　　数：126 千字
定　　　价：88.00 元

国网能源研究院有限公司多年来紧密跟踪新能源发电领域发展情况，尤其重视相关数据持续积累和分析，形成年度系列分析报告，为有关方面研究决策提供具有专业价值的决策参考和信息。笔者认为，在推进能源生产和消费革命、加快供给侧结构性改革的大背景下，加强对新能源发电的全面深入的分析与研究，对及时总结中国国情下能源转型的节奏和力度，充分借鉴消化国际发展经验，而非照搬照抄，已显得十分具有现实紧迫性。本报告力求把握时代脉搏，鉴往知来，特别是与我院其他年度报告相辅相成，为关系中国新能源的各方人士提供了更为广阔和清晰的图景。这一图景不是静态、单调的，而是与时俱进、充满丰富想象力的。

本报告共分为 6 章。第 1 章为新能源发电开发建设情况，主要分析了中国新能源开发规模、布局和新能源配套电网工程建设情况；第 2 章为新能源发电运行消纳情况，主要分析了 2017 年度新能源运行利用情况和消纳情况，创新引入了新能源消纳预警指数，进一步评判并印证了重点地区消纳状况；第 3 章为新能源发电技术和成本，梳理总结了新能源发电技术的最新情况，从单位投资成本、度电成本等方面分析了风电、太阳能发电和储能的经济性，预判未来成本变化趋势；第 4 章为新能源发电产业政策，梳理了中国 2017 年最新出台的新能源产业政策；第 5 章为新能源发电发展展望，展望世界及中国新能源发电发展趋势；第 6 章为新能源发电热点问题分析，选取本年度新能源发电领域 6 个热点问题，进行了深入分析和解读。

本报告概述部分由刘佳宁、汪晓露主笔，第 1 章由刘佳宁主笔，第 2 章由刘佳宁、李娜娜主笔，第 3 章由谢国辉、汪晓露主笔，第 4 章由汪晓露、李娜娜、刘佳宁主笔，第 5 章由汪晓露、刘佳宁主笔，第 6 章由谢国辉、胡静、汪晓露、闫湖、李娜娜、李梓仟、王彩霞主笔，附录部分由李梓仟、刘佳宁、冯凯辉主笔。全书由李琼慧、谢国辉、刘佳宁统稿，汪晓露校核。

在本报告的编写过程中，得到了能源电力领域多位专家的悉心指导和帮助，在此一并表示深切的谢意！特别感谢 CSPPLAZA 光热发电网及美国波动性电源并网组织（UVIG）对本报告编制给予的大力支持，CSPPLAZA 就中国光热发电发展现状和趋势，UVIG 对美国新能源行业最新动态分享了宝贵经验，提出了许多建设性意见。这些让笔者体会到，中国新能源经历了曲折的发展，已与世界潮流息息相关，它不仅关乎中国的现实与未来，更是影响着全球能源命运共同体的构建。

限于作者水平，虽然对书稿进行了用心打磨并反复推敲，但仍可能存在疏漏与不足之处，恳请读者谅解并批评指正！

编著者

2018 年 4 月

目　录

概　　述

本报告在对中国新能源发电❶项目开发与建设、并网运行及利用、发电技术创新、发电成本、政策法规、发展趋势等分析研究的基础上，对当年新能源发电热点难点问题进行了专题分析研究，对世界新能源发电发展趋势和中国新能源发电发展形势进行了展望。

2017 年中国新能源发电发展主要呈现以下特点：

2017 年我国新能源发展取得显著成就。新能源发电装机规模不断扩大。新能源发电并网容量达到 2.94 亿 kW，同比增长 31%；新能源发电新增装机容量 6809 万 kW，占全国电源新增装机容量的 52%。风电装机平稳增长，海上风电快速发展；光伏发电成为电源增长的主力，新增装机容量首次超过火电，累计装机容量突破 1.3 亿 kW，分布式光伏爆发式增长；20 个省份新能源装机容量占比超过 10%。

新能源消纳状况持续改善。2017 年，党中央、国务院对新能源消纳工作作出重要部署，出台了一系列政策措施，推动我国新能源消纳明显改善，弃风弃光增长势头得到遏制。2017 年，全国弃风电量 419 亿 kW•h，同比减少 78 亿 kW•h；弃风率 11.8%，同比下降 5.2 个百分点；"三北"（华北、西北、东北）地区风电消纳明显好转。全国弃光电量 73 亿 kW•h，同比减少约 1 亿 kW•h；弃光率 5.7%，同比下降 4.3 个百分点；西北地区弃光矛盾缓解，弃光电量同比下降 6%，弃光率同比下降 5.3 个百分点。

新能源发电及并网技术取得新突破。风电单机容量持续增大；产业化太阳能单晶硅电池效率在 20%～23%，使用 PERC 电池技术的单晶电池效率达 21% 左右，未来仍有较大的技术进步空间；薄膜电池以碲化镉（CdTe）薄膜电池和铜铟镓硒（CIGS）薄膜电池为主，产业化技术逐步成熟，发展前景广阔；钙钛矿太阳能电池的稳定性再创新高，电池的稳定性达到 95%；干热岩发电技术、

---

❶ 如无特殊说明，本报告中的新能源发电仅含风电、太阳能发电，后同。

氢燃料电池技术等均取得重要进展。

风电、光伏发电成本进一步下降。2017 年，我国风电机组价格略有下降。受中东部和南部地区土地资源越来越紧张和建设条件越来越复杂等因素的制约，风电投资成本同比基本持平，约 8000 元/kW 左右。2017 年，我国陆上风电项目平均度电成本约为 0.478 元/（kW•h），同比下降 4%。2017 年，我国光伏发电系统平均投资成本约为 6.6 元/W，同比下降约 6%，前期开发、电网接入、逆变器、汇流箱等主要电气设备成本也有不同程度的下降。度电成本波动范围为 0.444～0.719 元/（kW•h），平均度电成本为 0.520 元/（kW•h），同比下降 23%。

新能源参与市场交易、优化调度、用电需求增长对促进 2017 年新能源消纳的作用明显。初步测算，2017 年新能源市场交易电量对新能源消纳的贡献最大，贡献度❶达到 50%，其次是优化调度和用电需求增长，贡献度分别为 23% 和 18%。从新能源市场交易的各项措施来看，跨省跨区新能源电量交易对促进新能源消纳的作用最大，贡献度达到 26%，其次是新能源参与跨区现货交易，贡献度达到 12%。从优化调度各项措施来看，省间调峰互济对促进新能源消纳的作用最大，贡献度达到 14%，其次是区域旋转备用容量共享和省内关键输电断面能力提升，贡献度分别为 9% 和 8%。

我国储能将迎来大规模发展，但在商业盈利初期还需要相关政策及市场的推动。美国、德国、日本等国通过政策补贴和市场机制推动了储能的快速发展。我国已于 2017 年出台《关于促进我国储能技术与产业发展的指导意见》，提出了未来 10 年我国储能产业的发展目标和主要任务。"三北"、南方电网和山西等地也围绕储能参与辅助服务开展试点或制定实施细则。在政策推动、市场引导、成本下降的多重影响因素下，我国在"十三五"末，储能规模预计将达到 43.79GW，其中抽水蓄能 40GW，电化学储能 1.78GW。主要发展模式有：在发电侧，以储能参与调频辅助服务项目为主；在大电网侧，以大规模储能调

---

❶　以国家电网公司经营区域为案例测算。

峰电站为主；在配电网侧，以电网侧分布式储能电站为主；在用户侧，以用户侧分布式储能和综合能源系统储能为主。

补贴退坡机制使普通光伏电站的收益下降，光伏扶贫项目和"自发自用、余量上网"模式分布式光伏发电经济性更优。根据《关于2018年光伏发电项目价格政策的通知》，2018年电价下调后，Ⅰ类、Ⅱ类、Ⅲ类资源区项目内部收益率将分别下降约2个、1.9个、1.8个百分点。如需提高项目内部收益率回归到8%以上，则组件价格仍需要进一步下降约30%。此次价格调整，除扶贫项目未做下调外，分布式光伏的度电补贴下调幅度低于普通光伏电站，使得自发自用模式分布式光伏发电项目更具有竞争性。2018年电价和补贴调整之后，"自发自用、余量上网"电价高于"全额上网"电价的省区从2017年的17个增加到31个。从收益来看，"自发自用、余量上网"模式在大部分地区收益要高于"全额上网"电价。

分布式光伏爆发式增长，高比例接入对电力系统带来新挑战。一是配用电网络的功能和形态发生显著变化。原有的"源、网、荷"竖井关系逐步打破，功能向多源对等、开放互动、自愈主动方向发展。二是对电力系统调频调压产生冲击，影响电力系统安全运行。三是对电网调度运行管理中的负荷预测、继电保护、信息安全等带来挑战。四是对电能质量水平产生一定影响，易导致谐波、电压闪变等电能质量指标超标。为适应分布式光伏高比例接入，对电网的策略建议如下：一是严把分布式光伏并网关口，杜绝带缺陷接入。二是构建分布式光伏接纳能力分区评级机制，按照接纳能力将不同供电区域分别划分为推荐区、限制区和控制区，定期发布评估结果。三是鼓励分布式光伏＋、微电网、综合能源系统发展模式。

未来氢能将在我国交通运输减排、电能替代等方面发挥重要作用。国际氢能源委员会预测2050年氢能源需求将达到目前的10倍，占终端能源消费量的比例超过15%，对全球二氧化碳减排量的贡献度将达到20%。作为国家战略性新兴产业的重要组成部分，我国将加快推动氢能开发和产业应用。一是与电动汽车互为补充，共同推动交通运输领域碳减排。二是建设氢能源发电系统，未来在用户侧推广应用小型氢燃料电池分布式发电系统，满足家用热电联供的需要，推动家庭电气化进程，促进电能替代。

未来我国新能源仍将保持持续增长态势。据预测，2018 年，我国新能源发电装机容量持续增长，占比稳步提高。其中，风电新增装机容量超过 2000 万 kW，太阳能发电新增装机容量约 3000 万 kW，分别占新增装机容量的比重为 21.1%和 26.9%。按照《关于可再生能源发展"十三五"规划实施的指导意见》，到 2020 年底，全国风电装机容量 2.1 亿 kW 以上，太阳能发电装机容量 1.6 亿 kW 以上。2030 年底，全国新能源发电总装机容量至少要达到 8.8 亿 kW，占全部电源装机容量的比重达到 30%左右，其中风电装机容量 4.5 亿 kW 左右，太阳能发电装机容量 4 亿 kW。

1

新能源发电开发建设情况

1.1 新能源发电❶

2017 年我国新能源发展取得显著成就。新能源发电❷装机规模不断扩大，光伏发电成为电源增长的主力，新增装机容量首次超过火电，分布式光伏爆发式增长。

截至 2017 年底，我国新能源发电累计装机容量 29 393 万 kW，同比增长 31％，如图 1-1 所示；新能源发电新增装机容量 6809 万 kW，占全部电源新增装机容量的 52％。

图 1-1　2011－2017 年我国新能源发电累计装机容量和同比增长比例

截至 2017 年底，我国新能源发电占全部电源的比例达到 17％，其中风电占比 9％，太阳能发电占比 8％，如图 1-2 所示。

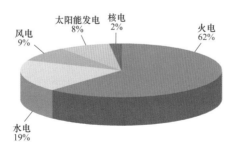

图 1-2　2017 年底我国电源结构

---

❶　数据来源：中国电力企业联合会《2017 年全国电力工业统计快报》。

❷　此处的新能源发电含风电、太阳能发电，后同。

20个省份新能源发电装机容量占比超过10%，见表1-1。甘肃、青海、宁夏、新疆、河北、内蒙古等19个省（区）新能源发电成为第一、第二大电源。

表 1-1 　　　　新能源发电装机容量占比超过10%的20个省（区）

项目名称	甘肃	青海	宁夏	新疆	河北	内蒙古	西藏	吉林	黑龙江	陕西
风电（万kW）	1282	162	942	1806	1181	2670	1	505	570	363
太阳能发电（万kW）	786	791	620	933	868	743	79	159	94	524
新能源发电装机容量占比（%）	41.4	37.5	37.3	32.2	30.1	28.9	28.4	23.2	22.4	20.4

项目名称	江西	辽宁	山西	安徽	山东	江苏	云南	河南	浙江	湖南
风电（万kW）	169	711	872	217	1061	656	819	233	133	263
太阳能发电（万kW）	449	223	590	888	1052	907	233	703	814	176
新能源发电装机容量占比（%）	19.5	19.2	18.1	17.1	16.8	13.6	11.8	11.7	10.6	10.3

甘肃省新能源发电成为第一大电源。截至2017年底，甘肃省新能源发电装机容量2068万kW，占当地电源总装机容量的42%，如图1-3所示。

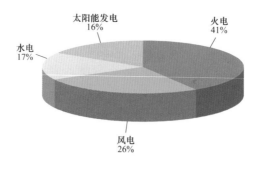

图 1-3　2017年底甘肃省电源结构

新能源发电新增装机持续向东中部地区转移。新增装机容量主要集中在东中部地区。东中部地区新能源发电新增装机容量占全国新能源发电新增装机容量的比例由2016年的30%提高至2017年的46%。

新能源发电装机仍主要集中在"三北"地区。截至2017年底，"三北"地区新能源发电累计装机容量 19 729 万 kW，占全国新能源发电装机容量的 67%。

1.2　风电

1.2.1　陆上风电

风电装机容量平稳增长。截至 2017 年底，我国风电累计装机容量 16 367 万 kW，同比增长 10%；新增装机容量 1503 万 kW。2011－2017 年我国风电累计装机容量及占比如图 1-4 所示。

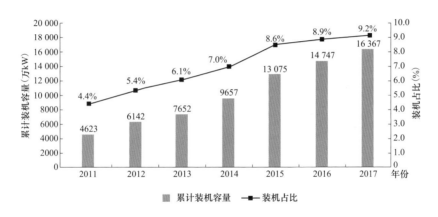

图 1-4　2011－2017 年我国风电累计装机容量及占比

风电布局持续向东中部地区转移。东中部地区新增装机容量占全国的比例由 2016 年的 25% 提高至 2017 年的 38%；东北地区新增装机容量占比由 11% 下降至 4%。2016－2017 年分区域风电新增装机容量占比对比如图 1-5 所示。

风电装机仍主要集中在"三北"地区。截至 2017 年底，"三北"地区风电累计装机容量 12 173 万 kW，占全国风电装机容量的 74%。内蒙古风电装机容量超过 2000 万 kW，新疆、甘肃、河北、山东均超过 1000 万 kW。2017 年我国风电装机容量分地区分布如图 1-6 所示。

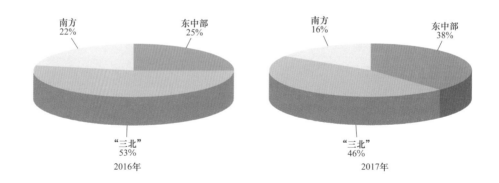

图 1-5　2016－2017 年分区域风电新增装机容量占比对比

注：东中部包括湖北、湖南、河南、江西、四川、重庆、上海、江苏、浙江、安徽、福建。

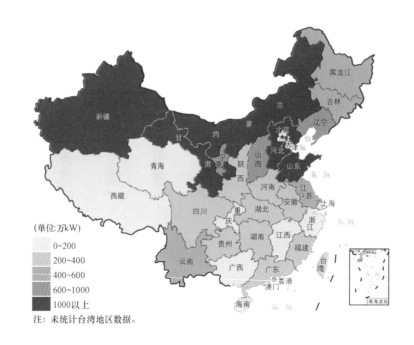

图 1-6　2017 年我国风电装机容量分地区分布

1.2.2　海上风电

海上风电快速发展。 截至 2017 年底，我国海上风电装机容量 264 万 kW，仅次于英国（751 万 kW）、德国（541 万 kW），位居世界第三。截至 2017 年底，国家电网公司调度范围海上风电装机容量 202 万 kW，较 2016 年增长 53 万 kW。海上风电全部位于江苏、上海、福建三省，装机容量分别为 163 万、31 万、9 万 kW。2014－2017 年国家电网公司调度范围海上风电装机容量，如图 1-7 所示。

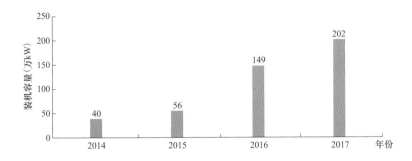

图 1-7　2014－2017 年国家电网公司调度范围海上风电装机容量

加快推进海上风电建设。《风电发展"十三五"规划》指出，要积极稳妥推进海上风电建设。重点推动江苏、浙江、福建、广东等省的海上风电建设，到 2020 年四省海上风电开工建设规模均达到百万千瓦以上。积极推动天津、河北、上海、海南等省（市）的海上风电建设。探索性推进辽宁、山东、广西等省（区）的海上风电项目。到 2020 年，全国海上风电开工建设规模达到 1000 万 kW，力争累计并网容量达到 500 万 kW 以上，见表 1-2。

表 1-2　　　　　　　　　　　**2020 年全国海上风电开发布局**　　　　　　　　　　　万 kW

序号	地区	累计并网容量	开工规模
1	天津市	10	20
2	辽宁省	—	10
3	河北省	—	50
4	江苏省	300	450
5	浙江省	30	100
6	上海市	30	40
7	福建省	90	200
8	广东省	30	100
9	海南省	10	35
	合计	**500**	**1005**

1.3 太阳能发电

1.3.1 光伏发电

光伏发电成为增长主力。截至 2017 年底，我国光伏发电累计装机容量 13 025 万 kW，同比增长 69％，见图 1-8；新增装机容量 5306 万 kW，同比增长 54％。光伏发电新增装机容量占全部电源新增装机容量的 40％，超过火电新增装机容量。

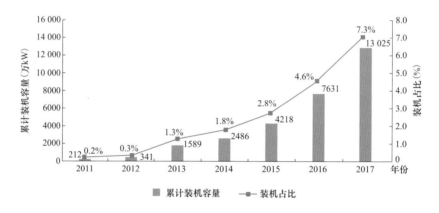

图 1-8 2011—2017 年我国光伏发电累计装机容量及占比

光伏发电新增主要集中在东中部地区。东中部地区新增装机容量占全国的比例由 2016 年的 33％提高至 2017 年的 48％；西北地区新增装机容量占比由 2016 年的 27％下降至 10％。2016—2017 年分区域太阳能发电新增装机容量占比如图 1-9 所示。

光伏发电累计装机主要集中在"三北"地区。截至 2017 年底，"三北"地区光伏发电累计装机容量 7556 万 kW，占全国光伏发电装机容量的 58％。山东光伏发电装机容量超过 1000 万 kW，新疆、江苏、安徽、河北、浙江均超过 800 万 kW。2017 年我国光伏发电装机容量分地区分布如图 1-10 所示。

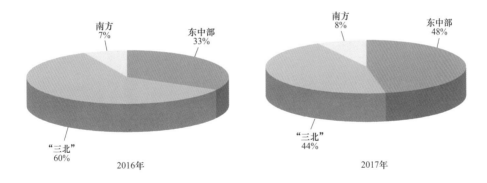

图 1 - 9　2016－2017 年分区域光伏发电新增装机容量占比

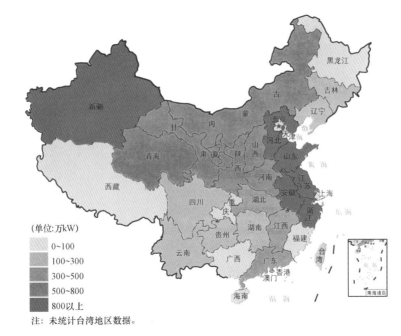

图 1 - 10　2017 年我国光伏发电装机容量分地区分布

分布式光伏爆发式增长。截至 2017 年底，我国分布式光伏发电累计装机容量 2966 万 kW，同比增长 190%；新增装机容量 1944 万 kW，同比增长 3.7 倍。

国家电网公司经营区分布式光伏发电累计并网容量 2810 万 kW，同比增长 207%，累计并网户数约 74.28 万户，同比增长 265%。新增并网容量 1894 万 kW，同比增长 3.3 倍，如图 1-11 所示。

8 个省份分布式光伏发电累计并网容量超过 100 万 kW，全部在国家电网公

图 1‑11 2012—2017 年国家电网公司经营区分布式光伏发电累计并网容量和并网户数

司经营区。其中，浙江、山东超过 400 万 kW，江苏、安徽超过 300 万 kW，如图 1‑12 所示。

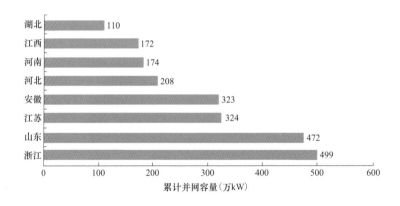

图 1‑12 分布式光伏发电累计并网容量超过百万千瓦的省份

1.3.2 光热发电

2017 年光热新增装机容量 0.1 万 kW，累计装机容量达到 2.93 万 kW。 2017 年是我国首批光热示范项目的集中建设年，其中，中广核德令哈 5 万 kW 导热油槽式光热发电项目进度领先，现已完成了太阳岛的整体安装作业，预计将于 2018 年底如期建成投产。2017 年底，华强兆阳张家口一号 1.5 万 kW 太阳能热发电站基本建成，完成了北京兆阳光热技术有限公司技术体系从理论到商业化验证的里程碑式发展。我国首批光热示范项目各技术路线对应项目数量见图 1 - 13。

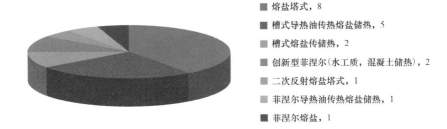

图 1 - 13　我国首批光热示范项目各技术路线对应项目数量

示范项目整体进度不及预期。第一批太阳能光热发电示范项目共 20 个，总计装机容量 134.9 万 kW，主要分布在青海、甘肃、河北、内蒙古和新疆。截至 2018 年 4 月，首批 20 个光热发电示范项目的延期承诺情况已经明晰，承诺继续建设的 16 个项目中，具备建设条件的均已全面复工，尚未真正开建的正加快项目的前期开发工作。我国示范项目整体建设进度不及预期的主要原因是我国的光热示范项目开发与国际的环境有很大不同。一是资源情况存在差异：国际上成熟的电站，大都建在一些资源相对较好的地区，而我国的太阳能辐照资源相对较弱，昼夜温差大、极寒等恶劣天气情况和气候条件也较为频繁。二是光热发电项目本身建设周期较长：统计国际上现有的商业化项目，整体开发进度从项目立项到最终完成建设，都超过了两年时间。我国示范项目于 2016 年 9 月底通过，大多数项目的前期开发都没有完成，时间较为紧张，具体情况见附录 3 中附表 3 - 3。

1.4　其他新能源发电

生物质发电产业体系已基本形成。截至 2017 年底，全国生物质发电新增装机容量 274 万 kW，累计装机容量达到 1488 万 kW，同比增长 22.6%。全年生物质发电量 794 亿 kW·h，同比增长 22.7%，继续保持稳步增长势头。我国生物质发电产业体系已基本形成。

1.5 新能源配套电网工程建设

2017 年，国家电网公司加强新能源并网和送出工程建设，集中投产一批省内和跨省跨区输电工程，建成"两交五直"特高压跨区输电工程，国家大气污染防治行动计划特高压交直流工程全面竣工，新能源大范围优化配置能力进一步提升。

（一）省内输电通道建设

建成新疆三塘湖变－麻黄沟东线路工程等一批省内重点输电工程，提升新能源外送能力超过 500 万 kW。

新疆三塘湖变－麻黄沟东线路工程（见图 1-14）：线路长度 10km，工程投资 0.12 亿元，打通三塘湖地区现有新能源电站至三塘湖 750kV 变第二回 220kV 电网通道。塘黄一线断面上网极限 55 万 kW，工程建成投产后，塘黄双线送电极限达到 110 万 kW。

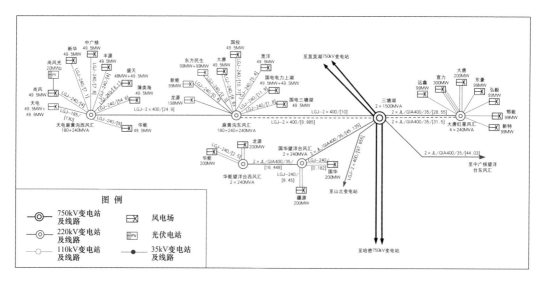

图 1-14 新疆三塘湖变－麻黄沟东线路工程示意图

山西明海湖 500kV 输变电工程（见图 1-15）：线路长度 371km，工程投资 16.9 亿元，接入风电装机容量 70 万 kW，缓解朔州地区风电受阻问题，减少弃风电量 4 亿 kW·h。

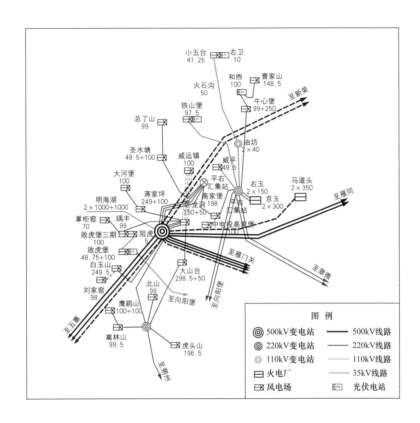

图 1-15　山西明海湖 500kV 输变电工程示意图

2017 年，开展光伏发电基地输电规划、消纳能力研究和接入系统方案论证等工作，及时建设配套电网工程，满足光伏电站基地和光伏领跑技术基地接入和送出要求。

宁夏中卫地区光伏电站基地送出工程（见图 1-16）：并网项目 50 个，并网容量 212.6 万 kW；建成线路长度 75.7km，工程投资 0.9 亿元。

山西芮城光伏领跑技术基地输变电工程（见图 1-17）：投资 1.1 亿元，建成汇集站 60 万 kW，按期保证光伏领跑技术基地项目并网。

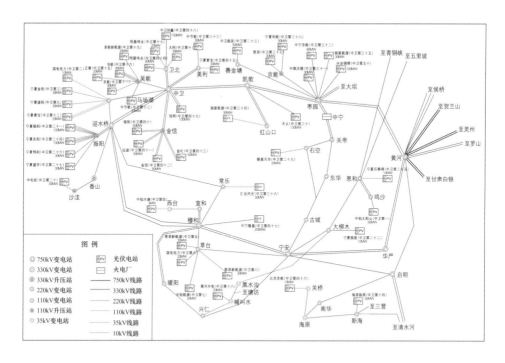

图 1-16　宁夏中卫地区光伏接入示意图

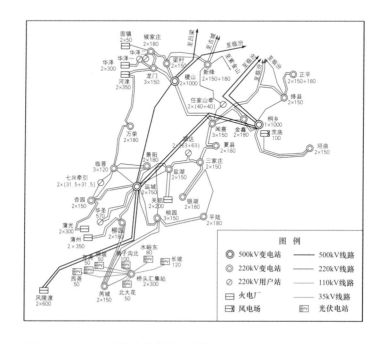

图 1-17　山西芮城光伏领跑技术基地输变电工程示意图

（二）跨区输电工程

建成"两交五直"特高压跨区输电工程。建成投运榆横－潍坊、锡盟－胜利等特高压交流输电工程，建成酒泉－湖南等特高压直流输电工程，新增特高压输电线路8883km、设计输电能力超过5000万kW。已建、在建特高压工程示意图如图1-18所示。

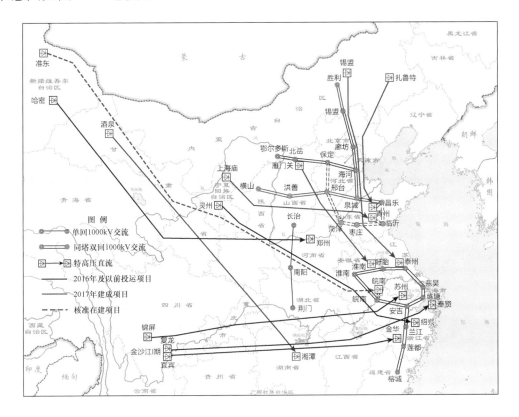

图 1-18　已建、在建特高压工程示意图

酒泉－湖南±800kV特高压直流输电工程：线路长度2386km，工程投资253.37亿元，设计输电能力800万kW。

扎鲁特－青州±800kV特高压直流输电工程：线路长度1228km，工程投资208亿元，设计输电能力1000万kW。

2

新能源发电运行消纳情况

新能源发电量和占比持续提高。2017 年，我国新能源发电量 4238 亿 kW·h，同比增长 38%，占总发电量的 6.6%，同比提高 1.5 个百分点，见图 2-1。国家电网公司调度范围新能源发电量 3766 亿 kW·h，占全国的 89%。

图 2-1　2011—2017 年我国新能源发电量及占比

10 个省（区）新能源发电量占比超过 10%。其中，宁夏、内蒙古、甘肃、新疆等省（区）新能源发电量占全社会用电量的比例超过 20%，见表 2-1。内蒙古、新疆两个省（区）的新能源发电量突破 400 亿 kW·h，相当于 2017 年天津全社会用电量的一半。

表 2-1　　　新能源发电量占全社会用电量比例前十位的省（区）

省（区）	宁夏	内蒙古	甘肃	新疆	青海	云南	吉林	黑龙江	山西	西藏
新能源发电量占全社会用电量的比例（%）	24	23	22	21	19	15	14	12	11	11

2.1　新能源运行及利用情况

2.1.1　风电运行及利用情况

风电发电量持续增长。风电发电量 3057 亿 kW·h，同比增长 26%；占总发电量的 4.8%，同比提高 0.8 个百分点。2011—2017 年我国风电发电量及占比如图 2-2 所示。

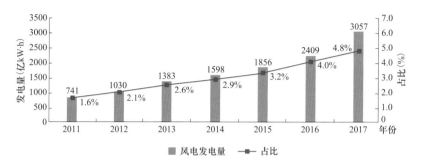

图 2-2　2011—2017 年我国风电发电量及占比

"三北"地区风电发电量占全国风电发电量的 79%。华北、西北和东北地区风电发电量分别为 946 亿、717 亿、534 亿 kW·h，合计占全国风电发电量的 79%。分省（区）看，2017 年风电发电量排名前五位的省（区）依次为新疆、河北、蒙东、甘肃和山东。2017 年我国排名前十位的省（区）风电发电量及占本地发电量的比例如图 2-3 所示。

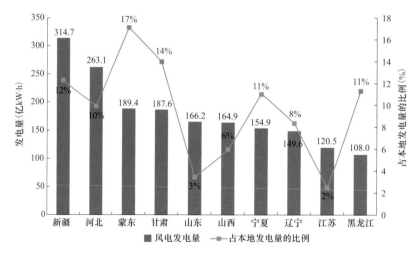

图 2-3　2017 年我国排名前十位的省（区）风电发电量及占本地发电量的比例

风电发电设备利用小时数同比上升。我国风电设备平均利用小时数为 1948h，同比上升 203h。全国 14 个省（区）风电设备平均利用小时数超过 2000h，如图 2-4 所示。

分区域看风电利用小时数，**东北地区**风电累计利用小时数 1961h，同比上升 272h，其中辽宁、吉林、黑龙江、蒙东同比分别上升 213、388、242、264h。**西**

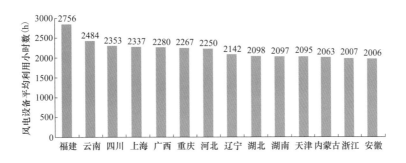

图 2 - 4　2017 年风电设备平均利用小时数超过 2000h 的省（区）

北地区风电累计利用小时数 1651h，同比上升 339h，其中陕西、青海同比分别下降 58、62h，甘肃、宁夏、新疆同比分别上升 381、97、460h。**华北地区**风电累计利用小时数 1920h，同比上升 58h，其中山东同比下降 85h，冀北、蒙西同比分别上升 185、206h。全国主要省（区）风电利用小时数及同比增减如图 2 - 5 所示。

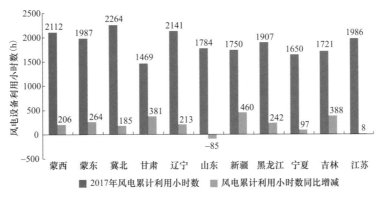

图 2 - 5　2017 年重点省（区）风电利用小时数及同比增减

甘肃、吉林、宁夏、蒙东、黑龙江风电瞬时出力占总发电出力比例的最大值超过 40%；冀北、蒙东、吉林、黑龙江、甘肃、宁夏风电日发电量占日总发电量比例的最大值超过 30%，见表 2 - 2。

表 2 - 2　　　　　　　　2017 年重点地区风电运行指标

风电运行指标	日发电量占日总发电量比例 的最大值（%）		瞬时出力占总发电出力比例 的最大值（%）	
地区	2016 年	2017 年	2016 年	2017 年
冀北	27.1	30.9	33.6	37.8

续表

风电运行指标	日发电量占日总发电量比例的最大值（%）		瞬时出力占总发电出力比例的最大值（%）	
地区	2016 年	2017 年	2016 年	2017 年
蒙东	33.4	34.0	39.6	42.1
吉林	31.1	37.2	40.6	46.8
甘肃	26.2	35.7	35.8	67.2
新疆	19.1	24.9	24.9	29.0
宁夏	31.0	33.1	40.7	45.7
黑龙江	29.8	34.0	35.7	41.8

弃风限电形势大幅好转，弃风电量、弃风率"双降"。 2017 年，全国因弃风限电造成的损失电量为 419 亿 kW·h，同比减少 78 亿 kW·h；弃风率 11.8%，同比下降 5.2 个百分点。2017 年，弃风率超过 10% 的地区是甘肃（弃风率 33%、弃风电量 92 亿 kW·h）、新疆（弃风率 29%、弃风电量 133 亿 kW·h）、吉林（弃风率 21%、弃风电量 23 亿 kW·h）、内蒙古（弃风率 15%、弃风电量 95 亿 kW·h）和黑龙江（弃风率 14%、弃风电量 18 亿 kW·h），如图 2-6 所示。

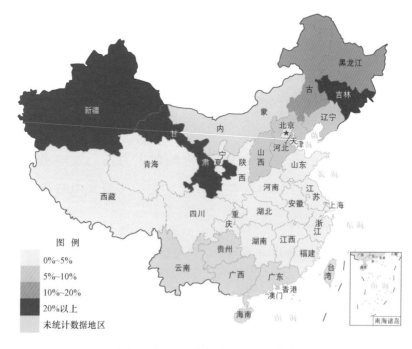

图 2-6 2017 年弃风地区分布

从地域分布看，"三北"地区风电消纳明显好转。西北地区弃风电量同比下降 11％，弃风率同比下降 8.8 个百分点；东北地区弃风电量同比下降 19％，弃风率同比下降 5.2 个百分点；华北地区弃风电量同比下降 12％，弃风率同比下降 1.7 个百分点。"三北"红色预警地区风电消纳情况见表 2-3。

表 2-3 "三北"红色预警地区风电消纳情况

地区	年累计弃风电量 （亿 kW·h）	同比 （％）	年累计弃风率 （％）	同比 （百分点）
蒙东	23.9	−10	11.2	−3.5
吉林	22.6	−22	20.6	−9.6
黑龙江	17.5	−13	14	−4.8
甘肃	91.8	−12	32.9	−10.3
宁夏	7.7	−60	4.7	−8.3
新疆	132.5	−3	29.6	−8.8

2.1.2 光伏运行及利用情况

光伏发电量增长迅猛。2017 年，全国光伏发电量 1182 亿 kW·h，同比增长 75％，占总发电量的 1.8％，同比提高 0.7 个百分点。2011－2017 年我国光伏发电量及占比如图 2-7 所示。

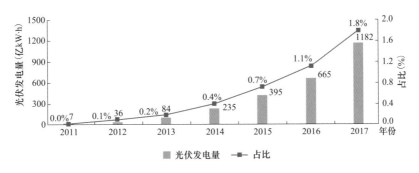

图 2-7 2011－2017 年我国光伏发电量及占比

光伏发电量主要集中在西北地区。分地区看，2017 年西北地区光伏发电量 405 亿 kW·h，同比增长 38％。其中，青海光伏累计发电量 113 亿 kW·h，居国家电网公司调度范围首位，同比增长 26%。2017 年分月光伏发电量与同比增速如图 2-8 所示。分省份看，2017 年光伏发电量最多的 5 个省（区）依次为青海、新疆、蒙西、江苏和宁夏，光伏发电量分别为 113 亿、101 亿、91 亿、81 亿、76 亿 kW·h。

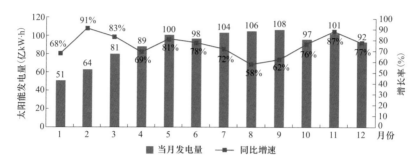

图 2-8 2017 年分月光伏发电量与同比增速

光伏发电设备利用小时数同比上升。2017 年，我国光伏发电设备平均利用小时数为 1204h，同比上升 74h。12 个省（区）光伏发电设备平均利用小时数超过 1200h，如图 2-9 所示。

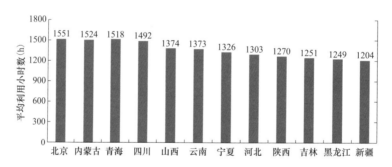

图 2-9 2017 年光伏发电设备平均利用小时数超过 1200h 的省（区）

分地区看光伏利用小时数，华北地区光伏发电累计利用小时数 1153h，同比上升 25h，其中蒙西光伏利用小时数分别为 1638h，同比上升 330h。华东地区光伏发电累计利用小时数 975h，同比上升 84h，其中江苏光伏利用小时数 1080h，同比上升 90h。西北地区光伏累计利用小时数 1264h，同比上升 135h，其中陕西、甘肃、青海、宁夏、新疆光伏利用小时数同比分别上升 15、121、87、57、244h。2017 年我国主要省（区）光伏发电累计利用小时数如图 2-10 所示。

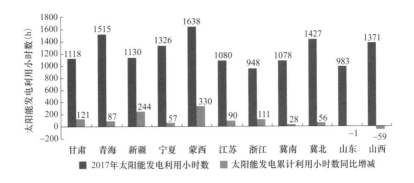

图 2-10 2017 年我国主要省（区）光伏发电累计利用小时数

弃光率同比下降。2017 年，全国因弃光限电造成的损失电量约为 73 亿 kW•h，同比减少约 1 亿 kW•h；弃光率 5.7%，同比下降 4.3 个百分点。2017 年弃光地区分布如图 2-11 所示。

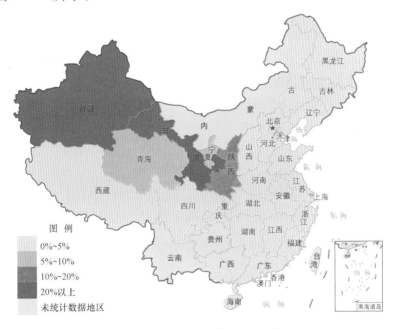

图 2-11 2017 年弃光地区分布

西北地区弃光矛盾缓解。弃光电量同比下降 6%，弃光率同比下降 5.3 个百分点。其中，甘肃、新疆弃光电量同比分别下降 28%、3%，弃光率同比分别下降 9.9、8.6 个百分点。2014—2017 年西北地区弃光电量和弃光率如图 2-12 所示。

27

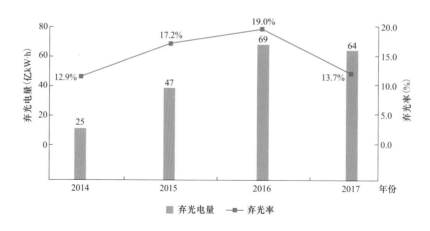

图 2 - 12　2014－2017 年西北地区弃光电量和弃光率

2.2　新能源消纳预警指数分析

2.2.1　消纳预警指数编制方法

（一）新能源消纳预警指标

新能源消纳预警指数反映各地区风电与太阳能发电消纳状况。为了科学定量评估并预警不同地区新能源消纳水平，综合考虑新能源弃电率、年利用小时数、消纳比重等三个指标，对近年来主要地区的新能源消纳状况进行评估和预警。新能源消纳预警分析的具体指标及内涵如下：

弃电率：新能源弃电量与新能源理论发电量（新能源发电量与弃电量之和）之比，反映不同地区新能源弃电程度。

年利用小时数：平均发电设备容量在满负荷运行条件下的年度运行小时数，即年发电量与平均装机容量之比，反映不同地区新能源发电设备利用率。

新能源消纳比重：本地区消纳的新能源电量占本地区全社会用电量的比重，反映该地区消纳新能源电量的能力和水平。其中，本地区消纳新能源电量为本地区新能源发电量加上或扣减跨省区新能源受入/外送电量。

（二）新能源消纳预警指数模型

采用插值法计算新能源消纳预警各指标分值，并通过加权平均得到各地区新能源消纳预警指数。基于专家咨询调研法确定新能源弃电率、年利用小时数、新能源消纳比重三个指标权重，分别为 0.4、0.3、0.3。设置新能源消纳预警指数的预警范围分为三个等级（0～40、40～65、65～100），分别对应红色、橙色、绿色三个预警等级。新能源消纳预警指数的临界值和对应的指数分级标准根据国家能源局出台的《风电投资监测预警指标计算方法》《光伏发电市场环境监测评价方法及标准》等相关规定确定，具体见表 2-4。

表 2-4　　　　　　　　　新能源消纳预警分析指标分级临界值

消纳预警指数	资源区	新能源弃电率（%）	年利用小时数（h）	新能源消纳比重（%）
0～40	I	20～40	风：1800～2200 光：800～1200	0～5
	II		风：1600～2000 光：700～900	
	III		风：1400～1800 光：500～700	
	IV		风：1100～1500 光：400～600	
40～65	I	10～20	风：2200～2400 光：1200～1500	5～15
	II		风：2000～2200 光：900～1200	
	III		风：1800～2000 光：700～1000	
	IV		风：1500～1800 光：600～900	

续表

消纳预警指数	资源区	新能源弃电率 （%）	年利用小时数 （h）	新能源消纳比重 （%）
65～100	I	0～10	风：2400～2800 光：1500～1700	15～30
	II		风：2200～2600 光：1200～1400	
	III		风：2000～2400 光：1000～1200	
	IV		风：1800～2200 光：900～1100	

2.2.2 消纳预警指数计算结果

（一）西北地区

西北地区新能源消纳预警指数低于其他区域，2015—2016年预警指数均低于40，预警结果为红色，甘肃和新疆预警指数较低。2014年，全国平均来风情况偏小，部分缓解了西北地区弃风压力，西北地区新能源消纳预警结果为橙色。2015—2016年，受电源装机严重过剩、跨省跨区输送通道和调峰能力不足、市场机制不完善等因素影响，西北地区新能源消纳预警结果为红色，甘肃和新疆地区的预警指数最低，消纳形势严峻。2017年，西北电网采取严格并网管理、区域电网旋转备用共享机制、优先调度新能源发电等举措积极促进新能源消纳，新能源消纳状况缓解，预警结果由红色变为橙色，甘肃和新疆地区预警指数提升，但仍为红色预警结果，见表2-5。

表2-5　　　　　　西北地区新能源消纳预警指数

年份	2014	2015	2016	2017
西北地区	**54.53**	**30.88**	**27.36**	**41.88**
陕西	67.84	69.92	64.67	66.31
甘肃	32.70	14.08	10.68	26.36
青海	78.10	82.77	72.74	78.48
宁夏	77.25	56.47	56.52	67.60
新疆	61.01	27.26	18.08	36.74

（1）甘肃。

2014－2017 年，甘肃地区新能源消纳预警结果一直为红色，2015－2016 年消纳形势最为严峻，2017 年消纳预警指数有所提升，但仍处于红色预警区间。 分指标看：①甘肃的新能源弃电率较高，导致新能源弃电率分指数一直处于较低水平。2014 年新能源弃电率为 19.26％，2015－2016 年新能源弃电率接近 40％，2017 年新能源弃电率有所下降，但仍高达 30％左右，如图 2-13 所示。②甘肃风电年利用小时数持续较低水平，2015－2016 年仅为 1100h 左右，2017 年弃风限电问题有所缓解，风电年利用小时数提高至 1469h，但仍远低于全国平均水平，如图 2-14 所示。③2014 年以来，甘肃新能源消纳比重保持小幅增长，2017 年甘肃新能源消纳比重为 13.35％（见图 2-15），新能源消纳比重分指数不断提高。但由于新能源弃电率和年利用小时数较低，对新能源消纳预警结果影响较大，导致 2014 年以来甘肃新能源消纳预警结果一直为红色。

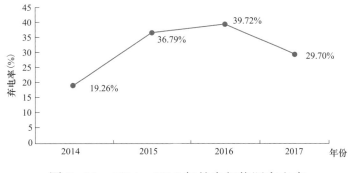

图 2-13　2014－2017 年甘肃新能源弃电率

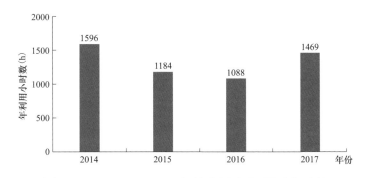

图 2-14　2014－2017 年甘肃风电年利用小时数

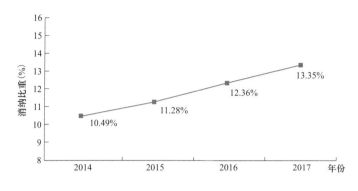

图 2 - 15 2014－2017 年甘肃新能源消纳比重

（2）新疆。

2014 年新疆新能源消纳预警结果为橙色，2015－2017 年新疆新能源消纳预警结果由橙色变为红色。分指标看：①新疆弃风限电问题恶化，2015－2016 年新能源弃电率大幅提高，较 2014 年增长 20 个百分点，2017 年虽有所缓解，但仍高达 27.83％（见图 2 - 16）。②2015 年以来，新疆风电利用小时数大幅下降，2016 年风电利用小时数仅为 1290h，较 2014 年下降 800h；2017 年新疆弃风限电问题有所缓解，风电利用小时数提高至 1750h，仍低于全国平均水平（见图 2 - 17）。③2014 年以来，新疆新能源发电消纳比重保持小幅增长趋势，2017 年新疆新能源消纳比重为 13.25％（见图 2 - 18），但由于新能源弃电率和年利用小时数形势严峻，对新能源消纳预警结果影响较大，2015 年以来，新疆新能源消纳预警结果一直为红色。

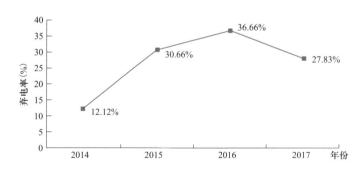

图 2 - 16 2014－2017 年新疆新能源弃电率

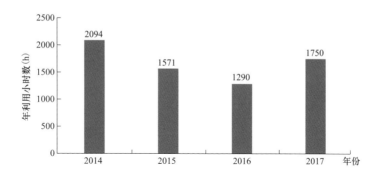

图 2-17　2014－2017 年新疆风电年利用小时数

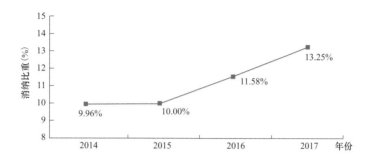

图 2-18　2014－2017 年新疆新能源消纳比重

（二）东北地区

东北地区新能源消纳预警指数较低，2015 年预警指数为 39.97，预警结果为红色，其他年份均为橙色，吉林和黑龙江地区消纳形势严峻。2014 年，东北地区新能源消纳预警结果为橙色。2015－2016 年，受电源装机严重过剩、火电供热运行约束、调峰能力不足、市场机制不完善等因素影响，东北地区新能源消纳预警指数下降，预警结果分别为红色和橙色。2017 年，东北电网采取严格并网管理、加强火电机组调峰能力管理、优化调度运行、推动电能替代等举措积极促进新能源消纳，东北地区新能源消纳状况有所改善，预警指数提高到63.38，均高于其他分年预警指数，具体见表 2-6。

表 2-6 东北地区新能源消纳预警指数

年份	2014	2015	2016	2017
东北地区	49.39	39.97	41.69	63.38
辽宁	61.02	54.94	61.60	73.40
吉林	36.87	22.43	21.70	39.98
黑龙江	47.01	29.65	37.04	58.95
蒙东	61.76	56.91	49.60	66.89

（1）吉林。

2014—2017 年，吉林地区新能源消纳形势严峻，预警结果一直为红色。2017 年预警指数有所提升，但仍处于红色预警区间。分指标看：①吉林新能源发电弃电率较高，2014 年新能源弃电率为 15.26％，2015—2016 年新能源弃电率进一步提高至 30％，2017 年弃风限电问题有所缓解，新能源弃电率有所下降，但仍高达 18.64％（见图 2-19）。②吉林风电年利用小时数持续较低水平，2014—2016 年吉林风电利用小时数持续下降，由 1501h 下降至 1333h，2017 年吉林风电利用小时数提高至 1721h，但仍低于全国平均水平（见图 2-20）。③2014 年以来，吉林新能源消纳比重保持小幅增长趋势，2017 年达到 12.49％（见图 2-21）。但由于新能源弃电率和年利用小时数形势严峻，对新能源消纳预警结果影响较大，2014 年以来，吉林新能源消纳预警结果一直为红色。

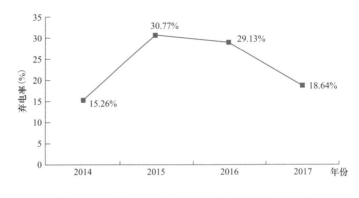

图 2-19 2014—2017 年吉林新能源弃电率

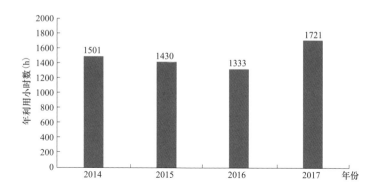

图 2-20　2014—2017 年吉林风电年利用小时数

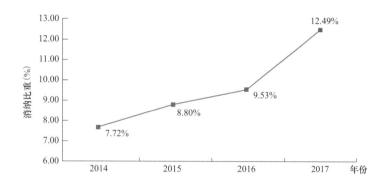

图 2-21　2014—2017 年吉林新能源消纳比重

（2）黑龙江。

2014 年，黑龙江新能源消纳预警结果为橙色；2015—2016 年，黑龙江新能源消纳形势恶化，预警结果为红色；2017 年消纳形势有所好转，预警结果转为橙色。分指标看：①受冬季供热运行约束等因素影响，2015—2016年黑龙江新能源弃电率增长至 20％左右；2017 年弃风限电形势缓解，新能源弃电率下降至 13.36％（见图 2-22）。②2015—2016 年黑龙江风电年利用小时数较低，仅为 1500～1600h；2017 年黑龙江风电年利用小时数提升至 1900h（见图 2-23）。③2014 年以来，黑龙江新能源消纳比重年均增长 2.3％，2017年达到 13.85％（见图 2-24）。

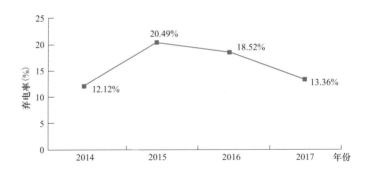

图 2 - 22　2014－2017 年黑龙江新能源弃电率

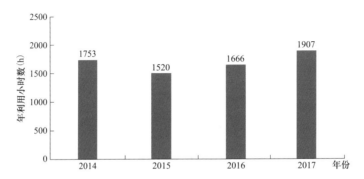

图 2 - 23　2014－2017 年黑龙江风电年利用小时数

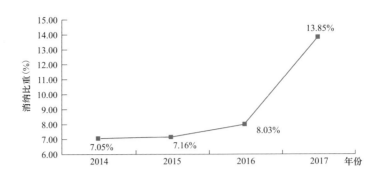

图 2 - 24　2014－2017 年黑龙江新能源消纳比重

（三）华北地区

华北地区新能源消纳形势整体较好，2014－2017 年预警指数均大于65，预警结果均为绿色，除蒙西外其他地区预警结果均为绿色和橙色，具体见表 2 - 7。

表 2 - 7 华北地区新能源消纳预警指数

年份	2014	2015	2016	2017
华北地区	68.71	67.28	73.99	78.70
北京	69.33	58.12	54.98	65.67
天津	64.92	71.28	61.51	68.73
冀北	63.77	66.69	75.50	81.15
河北	54.48	63.55	67.77	72.00
山西	70.35	62.28	70.81	77.18
山东	67.99	70.05	71.67	70.80
蒙西	55.89	39.69	38.50	58.83

(1) 冀北。

2014 年，冀北新能源消纳预警结果为橙色；2015 年以来预警指数不断提高，预警结果由橙色转为绿色。 分指标看：①2014 年冀北地区弃电率为12.40％，2015 年以来冀北新能源弃电率持续下降，2017 年新能源弃电率达到6.90％，较 2014 年下降近一半（见图 2 - 25）。②2014 年以来，冀北风电年利用小时数保持增长趋势，2017 年冀北风电年利用小时数为 2264h，较 2014 年增长 356h（见图 2 - 26）。③冀北新能源消纳水平较高，2014－2017 年冀北新能源消纳比重年均增长 4.2 个百分点，2017 年冀北新能源电量占全社会用电量的比重达到 21.48％（见图 2 - 27）。

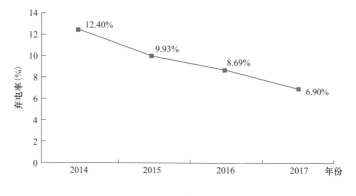

图 2 - 25　2014－2017 年冀北新能源弃电率

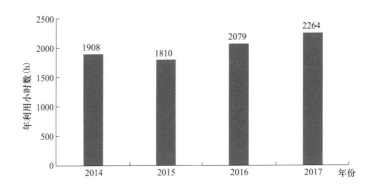

图 2-26　2014－2017 年冀北风电年利用小时数

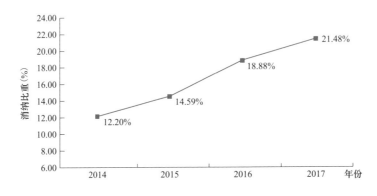

图 2-27　2014－2017 年冀北新能源消纳比重

（2）蒙西。

2014 年，蒙西新能源消纳预警结果为橙色；2015－2016 年，蒙西新能源消纳形势恶化，预警结果为红色；2017 年消纳形势有所好转，预警结果转为橙色。 分指标看：①2015－2016 年蒙西弃风限电问题突出，新能源弃电率提高至 20％左右；2017 年弃电形势有所缓解，新能源弃电率下降至 14.53％（见图 2-28）。②2014－2017 年以来，蒙西风电年利用小时数保持增长趋势，2017 年蒙西风电年利用小时数为 2112h，较 2014 年增长 23h（见图 2-29）。③蒙西新能源消纳水平较高，2014 年以来蒙西新能源消纳比重年均增长 3.5 个百分点，2017 年蒙西新能源电量占全社会用电量的比重达到 20.68％（见图 2-30），有效缓解了蒙西新能源消纳预警形势。

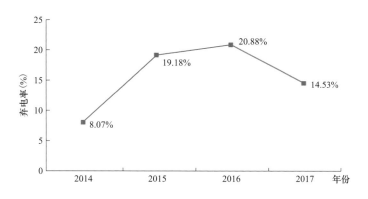

图 2-28　2014—2017 年蒙西新能源弃电率

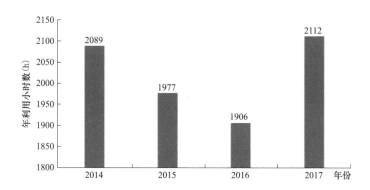

图 2-29　2014—2017 年蒙西风电年利用小时数

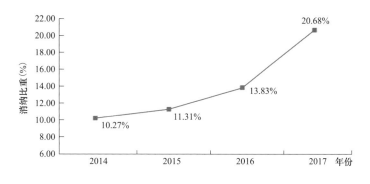

图 2-30　2014—2017 年蒙西新能源消纳比重

（四）其他地区

华东、华中、西南地区新能源消纳预警结果良好，除个别地区由于新能源消纳比重较低导致预警结果为橙色外，其他地区预警结果均为绿色，见表2-8。

表 2 - 8　　　　　　　　　　其他区域新能源消纳预警指数

年份	2014	2015	2016	2017
华东地区	**69.93**	**66.39**	**70.98**	**74.18**
上海	69.03	65.94	69.04	72.05
江苏	70.19	65.34	70.81	75.46
浙江	68.33	60.59	67.77	68.82
安徽	56.94	58.62	71.06	75.03
福建	80.38	84.92	81.60	87.23
华中地区	**66.22**	**68.53**	**67.61**	**74.36**
湖北	67.43	66.41	71.13	74.85
湖南	59.02	70.81	70.22	75.70
河南	68.31	62.13	59.90	70.32
江西	63.20	66.46	67.75	72.39
西南地区	**70.45**	**72.99**	**80.50**	**79.64**
四川	77.28	77.02	80.97	84.00
重庆	62.86	68.40	65.85	72.99
西藏	76.63	77.86	75.91	62.42

3

新能源发电技术和成本

3.1 新能源发电技术

3.1.1 风力发电技术

（一）风机单机容量

陆上风电单机容量和轮毂高度持续增大。从 20 世纪 80 年代开始，发达国家在风力发电机组研制方向取得巨大进展，全球最大单机容量 75kW，轮毂高度 20m。90 年代，单机容量达到 300～750kW，轮毂高度为 30～60m，并在大中型风电场中成为主导机型。进入 21 世纪以来，为获取更多的风能资源、有效利用土地，单机容量在兆瓦级以上、轮毂高度为 70～100m 的风电机组逐渐成为主力机组。2010 年后，为获取更多风能资源，风机轮毂高度超过 100m。2017 年，全球陆上风电机组平均功率约为 2500kW，平均轮毂高度达到 118m，如图 3-1 所示。

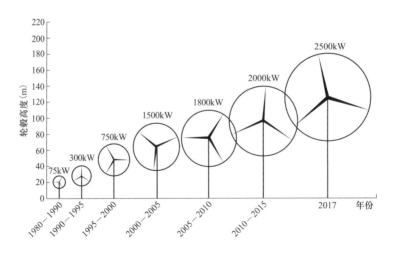

图 3-1　全球陆上风电机组单机容量和轮毂高度变化情况

2017 年海上风电单机容量取得重要突破。全球海上风电自 2007 年开始进入加快发展阶段，当时海上风电单机容量相对较小，主流机型单机容量约为

3MW。2010 年后，海上风电单机容量不断扩大，达到 3～5MW。根据全球清洁能源资讯公司（FTI）统计数据，2017 年全球新建风场海上风机平均容量达到 5.90MW，比 2016 年提高了 23%；全球海上风电场平均容量达到 493MW，比 2016 年提高了 34%。欧洲海上风电单机容量为 5～8MW，中国海上风机主流机型单机容量为 3～5MW。2017 年 6 月，丹麦维斯塔斯公司研发出全球最大海上风机，单机容量达到 9.5MW，如图 3-2 所示。

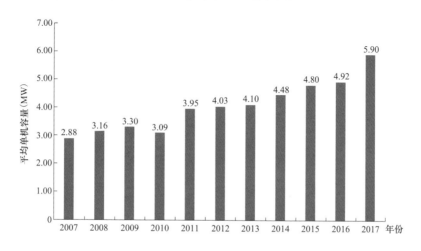

图 3-2　2007－2017 年全球海上风电场平均单机容量变化情况

（二）低速风机技术

低速风机风轮直径长度持续加大。目前中东部地区低风速区域成为我国风电开发新热点。低速风机能够在较低的风速时达到额定功率，从而提高风能的利用效率。为适应低风速地区风电发展，近年来我国风机风轮直径逐渐增大。根据中国风能协会统计数据，2016 年 2.0MW 风电机组中，111m 及以上风轮直径明显增多，占比达到 58%。2017 年 2.0MW 风电机组中，111m 及以上风轮直径进一步增多，占比达到约 62%。三一重能公司研发出第三代低速风机 WT2200 D131 机型和 WT2500 D131 机型，轮毂最高达到 145m，最大风轮直径为 140m，单位千瓦扫风面积能达到 6.11m²/kW。

我国东中部低速风带地区风能资源开发量有限。根据国家气象局风资源普查与国网能源研究院可再生能源资源评估系统，我国东中部地区 100m 高风能资源理论技术开发量为 3.3 亿 kW，占全国风能资源开发量的 9%。风速 5.5m/s 及以下地区的风能资源开发潜力为 0.46 亿 kW，占东中部风能资源开发潜力的比例为 18%，主要集中在江西、湖北、湖南、河南、河北和山东，如图 3 - 3、图 3 - 4 所示。

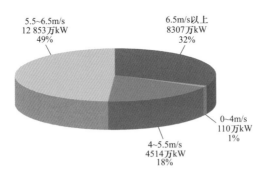

图 3 - 3　东中部地区陆上 100m 高度不同风速区间对应的资源潜力

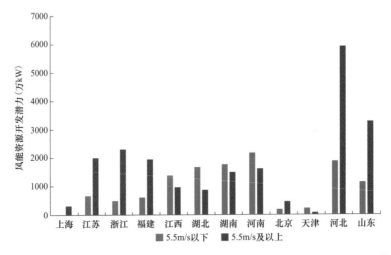

图 3 - 4　东中部 12 省（区）100m 高度不同风速区间对应的资源潜力

3.1.2　太阳能电池技术

（一）晶硅电池技术

晶硅电池技术按电池结构可以分为钝化发射级和背表面（passivated emitter and rear cell，PERC）、铝背场（Aluminum back surface field，Al‑BSF）、

发射极钝化和背面局域扩散（passivated emitter，rear locally‑diffused，PERL）、发射极钝化和全背面扩散（passivated emitter，rear totally‑diffused，PERT）、具有本征非晶层的异质结（heterojunction with intrinsic thin layer，HIT）、背接触（intergitated back contact，IBC）等。

当前，各种晶体硅电池生产技术呈现多样化发展态势。2017年底，产业化单晶硅电池转换效率在20％～23％，使用 PERC 电池技术的单晶电池转换效率为21％左右，未来仍有较大的技术进步空间，如图3‑5所示。N型晶硅电池技术开始进入小规模量产，技术进展较快，包括使用 HIT 异质结电池和 IBC 等背接触电池将是未来电池发展的主要方向。从实验室电池效率来看，新南威尔士大学研发的 PERL 电池效率达到25％，日本 Kaneka 集团公司研发的单晶电池效率已经达到26.7％。

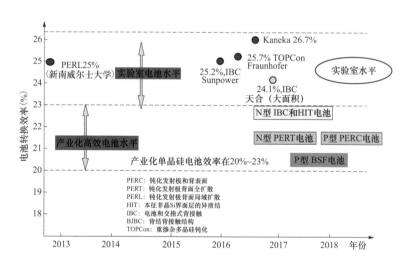

图3‑5　多种单晶硅电池产业化平均转换效率

数据来源：中国光伏行业协会。

2017年底，产业化多晶硅电池效率在18.8％～19.3％，使用 PERC 电池技术的多晶电池效率达到20％～20.5％，如图3‑6所示。目前，多晶硅实验室电池效率为20.5％～22.3％，天合光能研发的 P 型 PERC 电池效率达到21.25％，晶科达到22.04％，德国弗劳恩霍夫实验室研发的 N 型多晶硅电池效率已经达到 22.3%。

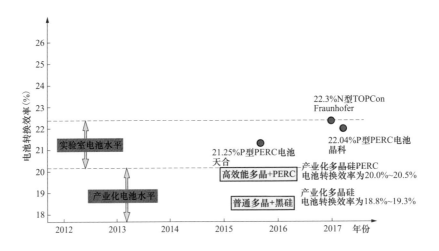

图 3-6　多晶硅电池产业化平均转换效率

数据来源：中国光伏行业协会。

从晶硅电池转换效率未来趋势来看，单结晶硅的理论效率极限为 29.4%，预计到 2020 年，HJC＋IBC 晶硅电池产业化平均转换效率有望达到 26.7%，见图 3-7。

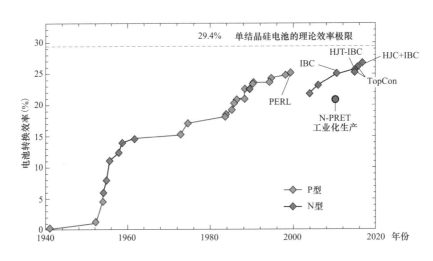

图 3-7　晶硅电池平均转换效率发展趋势

数据来源：中国光伏行业协会。

（二）薄膜电池技术

薄膜电池主要包括硅基薄膜、铜铟镓硒（CIGS）、碲化镉（CdTe）、砷化镓（GaAs）等。其中，硅基薄膜电池技术创新空间有限，2017 年市场份额不断降低；目前薄膜电池以碲化镉（CdTe）薄膜电池和铜铟镓硒（CIGS）薄膜电池为主，产业化技术逐步成熟，发展前景广阔。砷化镓电池由于成本较高，目前还未实现大规模量产。

碲化镉（CdTe）薄膜电池：目前全球能够大规模生产 CdTe 薄膜光伏组件的企业有美国 First Solar、德国 Calyxo 和中国的龙焱能源科技。2017 年，First Solar 第四代产品转换效率达到 17％，实验室制备的电池转化效率达到 22.1％，第六代碲化镉产品生产线预计在 2018 年投产，组件转换效率将达到 18％。我国 CdTe 薄膜电池已实现实验室转换效率 17.8％，产业化转换效率达到 14.5％，达到国内领先水平。

铜铟镓硒（CIGS）薄膜电池：全球具备 CIGS 生产规模的企业包括日本 SolarFrontier、德国 Wurth Solar、美国 Global Solar、中国汉能等。2017 年 CIGS 平均转换效率已提升至 21％，量产的玻璃基 CIGS 组件最高转换效率超过 16.5％。预计到 2020 年，CIGS 实验室效率有望达到 23.5％，组件量产转换效率超过 18％。

砷化镓（GaAs）电池：GaAs 的禁带较硅更宽，使得其光谱响应性和空间太阳光谱匹配能力更好。汉能子公司 Alta Devices 的单结 GaAs 电池转换效率已达到 28.8％，2016 年创造了双结 GaAs 电池 31.6％新的世界纪录。叠层多结 GaAs 串联太阳能电池经过近十几年的发展，转换效率纪录也不断被刷新，美国 Spire Semiconductor 公司研制出世界上效率最高的三结砷化镓（GaAs）太阳能电池，电池的效率达到了创纪录的 42.3％。多结 GaAs 太阳能电池的世界纪录是法国 Soitec 公司、CEA‐Leti 与德国弗劳恩霍夫太阳能系统研究所共同开发的四结太阳能电池，其转换效率达 46％。

（三）其他电池技术

（1）钙钛矿电池。

钙钛矿电池是光伏电池领域有史以来效率增长最快的材料，具有较高的稳定性，即使连续 25 年甚至更长时间暴露于外部环境中，其每年性能的衰减率也远远低于 1%。

自 2008 年开始被用于太阳能电池研究以来，钙钛矿电池的转换效率不断被刷新。2014 年底我国惟华光能实现了 19.6% 的转换效率，将钙钛矿电池推向新的热点。2015 年底，由瑞士洛桑联邦理工学院（EPFL）研发的新型钙钛矿太阳能电池转换效率达 21.02%，再次打破世界纪录。该效率已获得美国蒙大拿州波兹曼的 Newport 实验室认证。2017 年，钙钛矿太阳能电池转换效率达到 21% 左右。仅用了短短十年时间，钙钛矿太阳能电池转换效率就从 2008 年的 3.8% 增加到 2017 年的 24%，而硅太阳能电池则花费了几十年的时间，这使得钙钛矿电池技术成为迄今为止发展最快的太阳能技术，如图 3-8 所示。

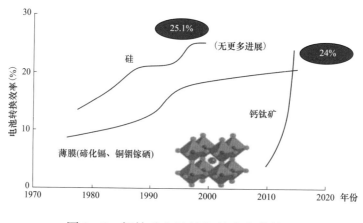

图 3-8　钙钛矿电池转换效率变化情况

2017 年，钙钛矿太阳能电池的稳定性再创新高。瑞士洛桑理工学院研发出硫氰酸亚铜钙钛矿电池，在电池表面涂上氧化石墨烯层之后，将电池放置在 60℃ 的阳光下暴晒超过 1000h，性能仅下降了 5%，电池的稳定性达到 95%，这是迄今为止硫氰酸亚铜钙钛矿电池的稳定性已经达到的历史最高水平。

（2）新一代无毒太阳能电池。

2017 年，英国剑桥大学与麻省理工学院、美国可再生能源实验室和美国科罗拉多矿业学院合作，利用铋元素（化学元素周期表中位于铅之后的所谓的"绿色元素"）制造低成本的太阳能电池，铋基太阳能电池不仅能够具备和铅太阳能电池一样出色的性能，并且没有类似的毒性问题。目前，铋基电池实验室的光电转换效率高达 22%，或许是下一代太阳能电池中一种无毒的替代品。

3.1.3　其他新能源发电技术

（一）地热能发电技术

干热岩发电技术是地热能发电的重要技术之一。干热岩通常是埋藏在地下一定深度，没有水或蒸汽的、致密不渗透的热岩体，温度在 150℃ 以上，是一种可用于高温发电的清洁资源。利用干热岩发电的成本仅为风力发电的一半。

干热岩地热能开采和利用日益受到各国重视。国外从 20 世纪 70 年代开始对干热岩进行研究和利用，我国目前还处于起步阶段。中国陆域干热岩资源量为 856 万亿 t 标准煤，按 2% 作为可采资源，中国陆域干热岩可采资源量达 17 万亿 t 标准煤。2017 年 8 月，在青海共和盆地实施的干热岩勘探孔，在地下 3705m 深处首次探获达到 200℃ 以上的干热岩，初步测定温度为 236℃。

冰岛是世界上 100% 可再生能源供能的国家之一，其中地热能提供 13% 的电能。2017 年 6 月，位于雷克雅那半岛的"雷神"地热发电厂成功钻孔，钻孔深度达 5000m，以获得火山内部巨大的热量。地下"超临界蒸汽"的特殊性质使其产生的能量是传统地热井蒸汽的 5～10 倍，产生的电力足以供应冰岛 5 万户家庭的用电，见图 3-9。

（二）氢燃料电池技术

氢燃料电池是使用氢这种化学元素制造而成的储存能量的电池。其基本原理是电解水的逆反应，把氢和氧分别供给阳极和阴极，氢通过阳极向外扩散和电解质发生反应后，放出电子通过外部的负载到达阴极。氢燃料电池具有无污

图 3 - 9　冰岛雷克雅那半岛的地热发电厂

染、无噪声、效率高等优点。

目前，通过氢和氧发生反应产生电力的燃料电池中，含有还原氧的电极，因电极需要使用铂作为催化剂，导致燃料电池成本居高不下。2017 年 9 月，日本日清纺控股公司在全球首次成功实现了不使用铂的燃料电池用催化剂的实用化。采用"碳合金（carbon alloy）"的碳催化剂代替铂，制作出了能使氧还原实现活性化的分子结构。通过用碳代替铂，可将燃料电池的材料成本大幅削减，并且发电效率接近使用铂的燃料电池。电池价格一直是氢燃料电池车的瓶颈，日清纺公司本次的成果有望推动氢燃料电池车实现大规模普及。

3.2　新能源发电成本

3.2.1　风电成本

（一）风电项目成本

机组价格。2017 年，我国 2MW 风电机组市场投标均价下降至 3700～3800 元/kW，2017 年累计降幅约为 7%。2.5MW 风电机组市场投标均价也随着产品更迭调整至3800～3900元/kW，与2016年相比略有下降，如图3-10所示。

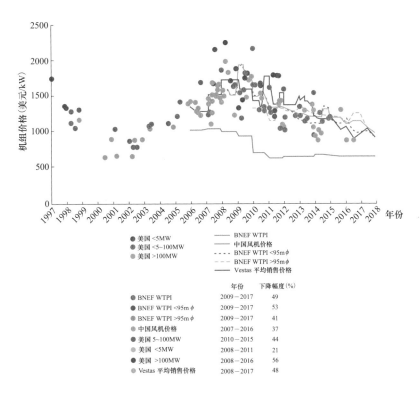

	年份	下降幅度(%)
BNEF WTPI	2009—2017	49
BNEF WTPI <95m φ	2009—2017	53
BNEF WTPI >95m φ	2009—2017	41
中国风机价格	2007—2016	37
美国 5~100MW	2010—2015	44
美国 <5MW	2008—2011	21
美国 >100MW	2008—2016	56
Vestas 平均销售价格	2008—2017	48

图3-10　1997—2017年风电机组价格变化趋势

陆上风电投资成本。受中东部和南部地区土地资源越来越紧张和建设条件越来越复杂因素的制约，土地和建设成本有所上升，因此，2017年风电单位千瓦投资造价成本同比基本持平，为8000元/kW左右。

海上风电投资成本。这里根据在全国各个沿海省份实际开展的项目，分析各个区域海上风电项目造价。总体来说，海上风电项目单位千瓦造价均比较高。海上风电场成本主要由设备购置费、建安费用、其他费用、利息几个部分构成。各部分占总成本的比例不同，对总成本的影响也不尽相同。

（1）设备购置费。

现阶段设备购置费（不含集电线路海缆）约占工程成本的50%，对成本的影响较大。其中，风电机组及塔筒约占设备费用的85%，单位千瓦成本为7500～

8500 元/kW，对整体设备费用的影响较大；送出海缆约占设备费用的 5%，单位千瓦成本约 500 元/kW；相关电气设备约占设备费用的 10%，单位千瓦成本约 1000 元/kW。

（2）建安费用。

建安费用约占总成本的 35%，单位千瓦成本为 6000～7000 元/kW。相对陆上风电，当前海上风电的建安费用占总成本的比重较大。

（3）其他费用。

其他费用包括项目用海用地费、项目建管费、生产准备费等，占总成本约 10%，单位千瓦成本为 1600～1900 元/kW。

（4）利息。

利息与风电场建设周期及利率相关，约占总成本的 5%。

海上风电场成本构成见图 3-11。

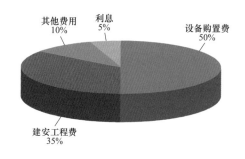

图 3-11 海上风电场成本构成示意图

统计截至 2017 年 8 月底的在建海上风电项目，我国海上风电项目平均投资成本为 14 000～22 000 元/kW，具体情况见表 3-1。

表 3-1 我国在建海上风电项目单位千瓦造价情况

项 目 名 称	单位千瓦造价（元/kW）
华能如东八角仙 30 万 kW 项目	17 000
福清海峡项目一期试验风场	18 514
江苏龙源蒋沙湾 30 万 kW 项目	17 733

项 目 名 称	单位千瓦造价（元/kW）
河北建投乐亭菩提岛海上风电项目	18 667
龙源江苏大丰（H12）20 万 kW 海上风电项目	13 795
国家电投江苏滨海北区 H2 号 40 万 kW 海上风电项目	16 000
珠海桂山海上风电项目	22 358
中广核福建平潭大练 30 万 kW 海上风电项目	20 311
三峡新能源大连庄河三期 30 万 kW 海上风电项目	17 133
福建大唐国际平潭长江澳 185MW 风电项目	19 540
福建莆田平海湾海上风电场二期	18 787
福建莆田海上风一期	20 750
福建莆田平海湾海上风电场 F 区	18 889

（二）度电成本

2017 年，我国陆上风电项目度电成本为 0.364～0.575 元/（kW·h）[1]，**平均度电成本为 0.478 元/（kW·h）**。与 2016 年相比，下降 0.02 元/（kW·h），同比下降 4%。

3.2.2 太阳能发电成本

（一）光伏发电

（1）光伏发电项目造价。

2017 年 2 月，广州一批 100MW 投标案中晶科公司报出了 2.88 元/W 的价格。2017 年 3 月，国电投于北京招标 1.1GW 的组件，25 家投保厂商的报价为：普通单晶 2.92～3.36 元/W，普通多晶 2.72～3.11 元/W，高效单晶 3.05～3.51 元/W，高效多晶 2.697 8～3.203 8 元/W。

---

[1] 数据来源：彭博新能源财经（BNEF）。

2017 年，我国光伏发电系统平均投资成本约为 6.6 元/W。与 2016 年相比，光伏组件成本下降约 6%，前期开发、电网接入、逆变器、汇流箱等主要电气设备的成本也有不同程度的下降。2017 年我国典型光伏电站项目投资构成情况如图 3-12 所示。

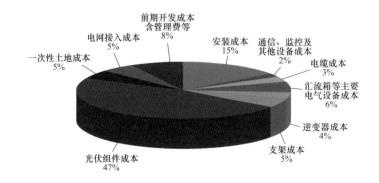

图 3-12　2017 年我国典型光伏电站项目投资构成

（2）度电成本。

2017 年，我国光伏电站度电成本波动范围为 0.444～0.719 元/（kW·h），平均度电成本 0.520 元/（kW·h）。与 2016 年相比，下降了 0.157 元/（kW·h），同比下降 23%。

（二）光热发电

2017 年是我国光热发电示范项目市场的启动年，但示范项目的整体进展不及预期，截至 2018 年 1 月，首批示范项目中共有不到 10 个项目进入实质性建设阶段。统计目前在建项目的造价情况，**2017 年我国光热发电项目平均单位千瓦造价为 23 000～38 000 元/kW**，具体情况见表 3-2。

表 3-2　　　　　我国在建光热发电示范项目单位千瓦造价情况

项 目 名 称	技术类型	装机规模 （万 kW）	单位千瓦造价 （元/kW）
海西多能互补集成优化示范项目	多能互补	5	24 000
黄河上游水电开发有限责任公司 德令哈光热发电项目一期	水工质塔式	13.5	23 600

项 目 名 称	技术类型	装机规模 （万 kW）	单位千瓦造价 （元/kW）
玉门鑫能光热发电项目	熔盐塔式	5	30 000
玉门鑫能光热发电项目	二次反射 50MW 熔盐塔式	5	35 800
中核龙腾乌拉特中旗光热发电项目	导热油槽式	10	28 000
中电工程哈密光热发电项目	熔盐塔式	5	31 600
中广核德令哈光热发电项目	槽式	5	38 760

3.2.3 储能成本

储能经济性是各种技术流派选择的关键性因素，不同应用场景对技术的性能、寿命、可靠性要求不同，对关键材料的规格要求也不同，进而存在成本制约。制造工艺的复杂性也会增加成本下降的难度。

反映储能的经济特性指标主要有功率投资成本、能量投资成本、运维成本、单次循环能量成本等。指标的定义详见表 3-3、表 3-4。

表 3-3　　　　　　　经 济 特 性 指 标

指标名称	定　　义	单位
功率投资成本	全生命周期内单位功率的投资成本	元/kW
能量投资成本	全生命周期内单位能量的投资成本	元/（kW•h）
放电深度	电池放电量与电池额定容量的百分比，反映电池单次放出电量的比例，放电深度越深，电池寿命越容易缩短	
能量自放电率	在一段时间内，常温放置条件下，电池在没有使用的情况下，自动损失的电量占总容量的百分比	%/月
能量转换效率	全生命周期内的转换效率	%
系统效率	全生命周期内，包含 PCS、BMS 在内的整个系统的综合效率	%
运维成本	全生命周期内单位功率的运维投资	元/kW
单次循环能量成本	储能单次充放电循环周期内的单位能量的投资成本	元/（kW•h•次）

从电力系统应用来看，功率成本、能量成本是需要关注的两个关键指标，此外，系统效率、放电深度、自放电率也是用户的使用成本的关键因素，同时大规模化的储能系统还要考虑相应的运行维护成本。

考虑电力系统应用需求，选择集成功率等级、持续放电时间、充放电倍率、循环次数、响应速度、启动时间等 6 个关键指标作为基于应用的储能经济性指标。

表 3 - 4 <center>储 能 经 济 性 指 标</center>

指标名称	指 标 值	说 明
功率成本	服役年限内单位功率的投资成本	反映以功率计算的储能系统建设投资成本
能量成本	服役年限内单位能量的投资成本	反映以能量计算的储能系统建设投资成本
运维成本	储能系统在服役年限内的运行维护成本	反映储能系统在运行期间所需要增加的成本
系统效率	储能系统满放电量与满充电量的比值	反映储能系统全生命周期内，包含 PCS、BMS 在内的整个系统的综合效率
放电深度	电池放电量与电池额定容量的百分比	反映电池单次放出电量的比例，放电深度越深，电池寿命越容易缩短
自放电率	在一段时间内，常温放置条件下，电池在没有使用的情况下，自动损失的电量占总容量的百分比	反映电池未进行充放电期间，电池由于内部发生副反应而引发的自损耗

能量转换效率：压缩空气储能的能量转换效率相对较低，仅略高于 50%；高速飞轮储能、锂离子电池、超级电容、超导储能的能量转换效率比较高，均超过 90%；铅蓄电池、液流电池、钠流电池的能量转换效率为 75%～85%。

自放电率：高速飞轮储能自放电率很高，锌溴液流电池自放电率 10%/月，钠流电池、超导储能不存在自放电，其他电池自放电率较低，仅为 1%～2%/月。

功率成本：全钒液流电池、锌溴液流电池、钠流电池功率成本相对较高，目前功率成本均超过 10 000 元/kW，其中全钒液流电池功率成本最高，接近 2 万元/kW；其次为铅炭电池、压缩空气储能和超导储能，功率成本为 6000~10 000元/kW；锂离子电池和飞轮储能功率成本低于 3000 元/kW；超级电容器功率成本低于 500 元/kW。

能量成本：超级电容器储能和超导储能的能量成本很高，目前能量成本均超过 10 元/（kW·h），超导储能甚至达到 900 元/（kW·h）；飞轮储能、全钒液流电池能量成本相对也比较高，为 3.5~4.5 元/（kW·h）；压缩空气储能、锌溴液流电池、钠流电池的能量成本为 2.0~3.0 元/（kW·h）；铅炭电池能量成本最低，为 0.8~1.3 元/（kW·h）。

运维成本：超导储能运维成本非常高；钠流电池、锌溴液流电池的运维成本相对较高；高速飞轮、超级电容和传统铅蓄电池的运维成本最低，锂离子电池、铅炭电池的运维成本相对较低。

不同储能技术的经济性指标比较见表 3 - 5。

表 3 - 5　　　　　　　　不同储能技术的经济性指标比较

比较项目 储能技术	能量转换效率 （%）	自放电率 （%/月）	功率成本 （元/kW）	能量成本 ［元/（kW·h）］	运维成本 （元/kW）
传统压缩空气储能	48~52	1	6500~7000	2200~2500	65~100
超临界压缩空气储能	52~65	1	6500~7000	2000~2500	160~200
高速飞轮储能	>95	100	1700~2000	44 000~450 000	50~100
传统铅蓄电池	70~85	1	500~1000	500~1000	15~50
铅炭电池	70~85	1	6400~10 400	800~1300	192~520
锂离子电池	90~95	1.5~2	3200~9000	1600~4500	96~450
全钒液流电池	75~85	—	17 500~19 500	3500~3900	175~585
锌溴液流电池	75~80	10	12 500~15 000	2500~3000	375~750
钠硫电池	87	—	13 200~13 800	2200~2300	390~690
超级电容	>90	<10	400~500	9500~13 500	12~25
超导储能	>95	—	6500~7000	900 000	800~900

3.2.4　未来成本变化趋势

（一）风电成本变化趋势

（1）陆上风电。

进入 2018 年，我国风电机组投标价下降至 4000 元以内，未来风机价格下降空间有限，将基本保持平稳。成本下降的主要动力来源于技术进步和风机选型。

据彭博新能源财经最新预测，到 2020 年，我国陆上风电度电成本将下降到 0.048～0.064 美元/（kW·h）［折合人民币 0.32～0.43 元/（kW·h）］，基本实现平价上网；到 2025 年，将下降到 0.040～0.051 美元/（kW·h）［折合人民币 0.27～0.34 元/（kW·h）］❶。到 2030 年，将下降到 0.036～0.045 美元/（kW·h）［折合人民币 0.24～0.30 元/（kW·h）］，具体如图 3-13 所示。

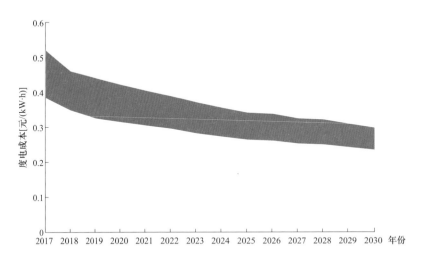

图 3-13　我国 2018—2030 年陆上风电度电成本变化趋势

---

❶　数据来源：GE《2025 中国风电度电成本白皮书》。

（2）海上风电。

1）主机价格。《风电发展"十三五"规划》中明确规定：到 2020 年，海上风电并网装机容量达到 500 万 kW，开工规模达到 1000 万 kW，这将给风机厂家带来可预期的大市场。随着国内一批海上风电场陆续建成投产，国内独资、合资风电设备厂家已具备批量生产的能力。收集近一年来国内部分海上风电场的风电机组投标价格，风机价格已有一定程度的降低，随着介入海上风电的风机制造商越来越多，海上风机批量化生产的实现，海上风电机组设备单位千瓦价格将会有 1000～2000 元的下降空间。

2）海缆价格。目前，35kV 中压海底电缆在国内均属于比较成熟的产品，各大、中型电缆生产厂家，中天科技、宁波东方、青岛汉缆、江苏亨通等企业均有实力生产，其市场价格相对稳定。

随着整个海上风电和相关海上项目的发展，以及国内大截面高压海缆制造能力的提高，近 5 年的海缆价格已有一个明显的下降趋势，220kV 高压海底电缆价格从 700 万元/km 下降到 400 万元/km。根据目前整个行业的调研情况，海缆价格有望进一步下降。

3）建安费用。目前，越来越多的大型施工企业进驻海上风电施工安装领域，可用于海上施工安装的大型船机设备数量大幅度增加，海上风电施工设备及安装能力不断提升，部分施工企业已经有一定的海上风电施工经验。随着"十三五"期间国内大批量海上风电的建设，以及越来越多有实力的施工企业的介入，海上施工安装成本应该会有一个较为明显的下降。通过上海、江苏以及福建区域等海上风电场的建设，随着施工企业的施工技术越来越成熟、建设规模扩大化、基础形式多样化、设计方案稳定化、施工船机专业化等，建设成本有望降低 10%～15%。

（二）光伏发电成本变化趋势

据预测，2018 年我国光伏发电系统投资成本可下降至 6 元/W 以下，到 2020 年可下降至 5.2 元/W 左右❶。如能有效降低土地、电网接入以及项目前期

---

❶ 数据来源：能源基金会、清华大学能源互联网创新研究院，《2035 年全民光伏发展研究报告》。

开发费用等非技术成本，至 2020 年电站系统投资有望下降至 5 元/W 以下。考虑到未来部分电站为了提高发电小时数，可能会引入容配比设计、跟踪系统、智能化运维等，投资成本可能会提升，但发电成本总体会呈现下降趋势。2018－2020 年我国大型地面光伏电站投资成本构成及变化趋势如图 3-14 所示。

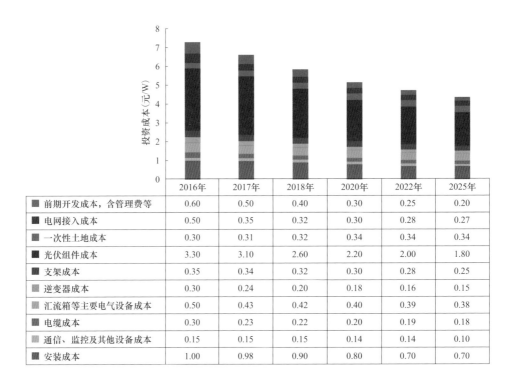

	2016年	2017年	2018年	2020年	2022年	2025年
前期开发成本，含管理费等	0.60	0.50	0.40	0.30	0.25	0.20
电网接入成本	0.50	0.35	0.32	0.30	0.28	0.27
一次性土地成本	0.30	0.31	0.32	0.34	0.34	0.34
光伏组件成本	3.30	3.10	2.60	2.20	2.00	1.80
支架成本	0.35	0.34	0.32	0.30	0.28	0.25
逆变器成本	0.30	0.24	0.20	0.18	0.16	0.15
汇流箱等主要电气设备成本	0.50	0.43	0.42	0.40	0.39	0.38
电缆成本	0.30	0.23	0.22	0.20	0.19	0.18
通信、监控及其他设备成本	0.15	0.15	0.15	0.14	0.14	0.10
安装成本	1.00	0.98	0.90	0.80	0.70	0.70

图 3-14　我国大型地面光伏电站投资成本构成及变化趋势

据彭博新能源财经预测，到 2020 年，我国光伏发电度电成本将下降到 0.056～0.084 美元/（kW•h）［折合人民币 0.38～0.56 元/（kW•h）］；到 2025 年，将下降到 0.041～0.061 美元/（kW•h）［折合人民币 0.27～0.41 元/（kW•h）］；到 2030 年，将下降到 0.033～0.050 美元/（kW•h）［折合人民币 022～ 0.33 元/（kW•h）］，具体如图 3-15 所示。

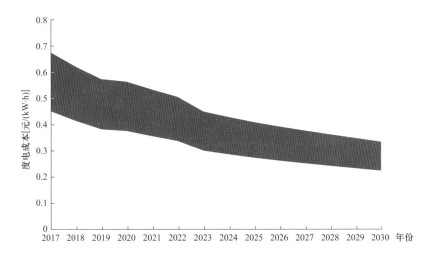

图 3‑15　我国 2018—2030 年光伏发电度电成本变化趋势

4

新能源发电产业政策

4.1 新能源产业政策

2017 年 1 月，国家发展改革委、财政部、能源局联合印发《关于试行可再生能源绿色电力证书核发及自愿认购交易制度的通知》（发改能源〔2017〕132号），提出绿色电力证书自 2017 年 7 月 1 日起正式开展自愿认购工作，认购价格按照不高于证书对应电量的可再生能源电价附加资金补贴金额，由买卖双方自行协商或者通过竞价确定认购价格。风电、光伏发电企业出售可再生能源绿色电力证书后，相应的电量不再享受国家可再生能源电价附加资金的补贴。此外，将根据市场认购情况，自 2018 年起适时启动可再生能源电力配额考核和绿色电力证书强制约束交易。

2017 年 1 月，国家能源局印发《关于公布首批多能互补集成优化示范工程的通知》（国能规划〔2017〕37 号），公布首批多能互补集成优化示范工程共安排 23 个项目，其中终端一体化集成供能系统 17 个，风光水火储多能互补系统 6 个。首批示范工程原则上应于 2017 年 6 月底前开工，2018 年底前建成投产。通知要求，有关电网、气网、热力管网企业要做好示范项目配套工程建设规划，及时开展相关配套工程建设，研究制定示范项目并网运行方案，提供及时、便捷、无障碍接入上网和应急备用服务，实施公平调度。

2017 年 2 月，国家能源局印发《2017 年能源工作指导意见》（国能规划〔2017〕46 号），提出 2017 年新能源工作要着力解决弃风、弃光、弃水等突出问题，促进电源建设与消纳送出相协调；年内计划安排风电、太阳能发电的新增装机规模分别为 2000 万、1800 万 kW；制定出台节能低碳电力调度办法，研究实施可再生能源电力配额制和绿色电力证书交易机制。

2017 年 3 月，国家发展改革委、能源局联合印发《关于有序放开发用电计划的通知》（发改运行〔2017〕294 号），提出逐年减少既有燃煤发电企业计划电量，新核准煤电机组不再安排发电计划；有序放开跨省跨区送受电计划；风电、太阳能、核电等机组在保障性收购小时数以内电量纳入优先发电计划，由电网企业保障执行，优先发电计划既可以执行政府定价，也可通过市场化方式形成价格。

2017年6月，国家能源局发布《关于公布首批"互联网＋"智慧能源（能源互联网）示范项目的通知》（国能发科技〔2017〕20号），公布首批"互联网＋"智慧能源（能源互联网）示范项目共55个。其中，城市能源互联网综合示范项目12个、园区能源互联网综合示范项目12个、其他及跨地区多能协同示范项目5个、基于电动汽车的能源互联网示范项目6个、基于灵活性资源的能源互联网示范项目2个、基于绿色能源灵活交易的能源互联网示范项目3个、基于行业融合的能源互联网示范项目4个、能源大数据与第三方服务示范项目8个、智能化能源基础设施示范项目3个。将示范项目同步纳入电力、油气等专项改革试点工作中，优先执行国家有关能源灵活价格政策、激励政策和改革措施。示范项目优先使用国家能源规划所确定的各省（区、市）火电装机容量、可再生能源配额、碳交易配额、可再生能源补贴等指标额度。

2017年7月，国家能源局发布《关于可再生能源发展"十三五"规划实施的指导意见》（国能发新能〔2017〕31号），提出健全风电、光伏发电建设规模管理机制，加强和规范生物质发电管理，明确2017－2020年各地新建风电、光伏发电、生物质发电规模。从总量规模看，远超原《可再生能源发展"十三五"规划》目标；从布局看，向中东部和南方地区转移的趋势明显。

2017年8月，国家发展改革委下发《关于征求优先发电优先购电计划有关管理办法意见的函》，指出优先发电适用范围包括：纳入规划的风能、太阳能、生物质能等可再生能源发电；为满足调峰调频和电网安全需要发电；为提升电力系统调峰能力，促进可再生能源消纳，可再生能源调峰机组发电为保障供热需要，供热方式合理、实现在线监测并符合环保要求的热点联产机组，在采暖期按以热定电原则发电；跨省跨区送售电中国家计划、地方政府协议送电；水电；核电；余热余压余气发电；超低排放燃煤机组。其中，纳入规划的生物质能等其他可再生能源发电和余热余压余气发电按照资源条件对应的发电量全额安排。优先发电计划分为执行政府定价和市场化方式形式两部分，具体比例按实际情况确定；优先购电计划由电网企业按照政府定价向优先购电用户保障供电。同时，将采取量化考核的方式从计划完成率和管理措施两方面对省级电网企业进行优先发电优先购电计划目标责任考核。

2017 年 9 月，住房和城乡建设部、国家发展改革委等四部委联合印发《关于推进北方采暖地区城镇清洁供暖的指导意见》（建城〔2017〕196 号），对北方地热供暖、生物质供暖、太阳能供暖、天然气供暖、电供暖、工业余热供暖、清洁燃煤集中供暖、重点地区冬季清洁供暖"煤改气"气源保障总体方案做出具体安排。规划提到，坚持清洁替代，减少大气污染物。到 2021 年，北方地区清洁取暖率达到 70％；力争 5 年时间基本实现雾霾严重化城市地区散煤供暖清洁化。电供暖方面，以"2＋26"城市为重点，在热力管网覆盖不到的区域，积极推广各种类型电供暖；鼓励"三北"地区可再生能源发电规模较大地区实施电供暖，促进可再生能源电力消纳。到 2021 年，电供暖（含热泵）面积达到 15 亿 m^2，其中分散式供暖 7 亿 m^2、电锅炉供暖 3 亿 m^2、热泵供暖 5 亿 m^2，带动新增电量消费 1100 亿 kW·h。

2017 年 10 月，国家发展改革委、国家能源局联合发布《关于开展分布式发电市场化交易试点的通知》（发改能源〔2017〕1901 号），明确参与分布式发电市场化交易的项目需满足单体容量不超过 20MW、接网电压等级在 35kV 及以下，或者单体容量在 20～50MW、接网电压等级不超过 110kV 并在电压等级范围内实现就近消纳的条件。分布式发电市场化交易有三种可选模式：一是分布式发电项目与电力用户进行电力直接交易的模式；二是分布式发电项目单位委托电网企业代售电的模式；三是电网企业按国家核定的各类发电标杆上网电价收购的模式。2017 年 12 月 28 日，国家发展改革委、国家能源局发布《关于开展分布式发电市场化交易试点的补充通知》（发改办能源〔2017〕2150 号），进一步明确分布式发电市场化交易试点方案编制的有关事项。

2017 年 11 月，国家发展改革委、国家能源局联合发布《关于印发〈解决弃水弃风弃光问题实施方案〉的通知》（发改能源〔2017〕1942 号），要求采取有效措施推动解决弃水、弃风、弃光问题取得实际成效。2017 年，甘肃、新疆弃风率降至 30％左右，吉林、黑龙江和内蒙古弃风率降至 20％左右；甘肃、新疆弃光率降至 20％左右，陕西、青海弃光率力争控制在 10％以内。确保弃水、弃风、弃光电量和限电比例逐年下降，到 2020 年在全国范围内有效解决弃水、弃风、弃光问题。

2017 年 11 月，国家发展改革委印发《关于全面深化价格机制改革的意见》（发改价格〔2017〕1941 号），提出到 2020 年，市场决定价格机制基本完善，以"准许成本＋合理收益"为核心的政府定价制度基本建立，促进绿色发展的价格政策体系基本确立，低收入群体价格保障机制更加健全，市场价格监管和反垄断执法体系更加完善，要素自由流动、价格反应灵活、竞争公平有序、企业优胜劣汰的市场价格环境基本形成。意见强调进一步深化垄断行业价格改革，加快完善公用事业和公共服务价格机制。

4.2　风电产业政策

2017 年 2 月，国家能源局印发《关于发布 2017 年度风电投资监测预警结果的通知》（国能新能〔2017〕52 号），发布了风电开发投资预警结果，要求加强控制 2017 年风电并网和项目建设节奏，认真落实可再生能源发电全额保障性收购制度，做好 2017 年度风电并网和消纳工作。根据发布结果，内蒙古、黑龙江、吉林、宁夏、甘肃、新疆（含兵团）等省（区）为风电开发建设红色预警区域，不得核准建设新的风电项目；其他省份为绿色区域，在落实消纳市场等建设条件的基础上自主确定年度建设规模和项目清单。

2017 年 5 月，国家能源局发布《关于开展风电平价上网示范工作的通知》（国能综通新能〔2017〕19 号），推动实现风电在发电侧平价上网，拟在全国范围内开展风电平价上网示范工作，要求各省（区、市）、新疆兵团能源主管部门认真分析总结本地区风电开发建设经验，结合本地区风能资源条件和风电产业新技术应用条件，组织各风电开发企业申报风电平价上网示范项目，遴选1~2个项目于2017年6月30日前报备国家能源局。

2017年5月，国家能源局发布《关于加快推进分散式接入风电项目建设有关要求的通知》（国能发新能〔2017〕3号），指出严格按照"就近接入、在配电网内消纳"的原则，制定本省（区、市）及新疆兵团"十三五"时期的分散式风电发展方案。各省级能源主管部门应结合实际情况及时对规划进行滚动修编，分散式接入风电项目不受年度指导规模的限制。已批复规划内的分散式风电项目，鼓励各省级能源主管部门研究制定简化项目核准程序的措施。红色预警地区应着力解决存量风电项目的消纳问题，暂缓建设新增分散式风电项目。

2017年8月31日，国家能源局印发《关于公布风电平价上网示范项目的通知》（国能发新能〔2017〕49号），公布了第一批风电平价上网示范项目（见表4-1），河北、黑龙江、甘肃、宁夏、新疆相关省（区）风电平价上网示范项目总规模70.7万kW。示范项目的上网电价按当地煤电标杆上网电价执行，所发电量不核发绿色电力证书，在本地电网范围内消纳。国家电网公司要协调相关省（区）电力公司做好示范项目配套送出工程的建设工作，结合示范项目建设时序合理编制相关输变电设施的建设方案，确保配套电网送出工程与风电平价上网示范项目同步投产。

表4-1　　　　　　　　　　　风电平价上网示范项目

序号	项目名称	建设单位	拟选场址	装机容量（万kW）
1	风电平价上网及张家口国际可再生能源技术创新试验实证基地	张北旭弘新能源科技有限公司和北京鉴衡认证中心	河北省张家口市张北县	10
2	建投康保大英图平价上网示范项目	河北建投新能源有限公司	河北省张家口市康保县	10

续表

序号	项目名称	建设单位	拟选场址	装机容量 （万 kW）
3	三峡新能源康保 100MW 平价上网示范项目	三峡新能源康保 发电有限公司	河北省张家口市 康保县	10
4	张家口平价上网 风电检测认证实证基地	北京鉴衡认证 中心有限公司	河北省张家口市 张北县	5
5	两面井天润平价上网 风电项目	北京天润新能 投资有限公司	河北省张家口市 张北县	5
6	双城杏山 49.5MW 风电项目	黑龙江新天哈电 新能源投资有限公司	黑龙江省哈尔滨市 双城区	4.95
7	双城万隆 49.5MW 风电项目	黑龙江新天哈电 新能源投资有限公司	黑龙江省哈尔滨市 双城区	4.95
8	华能瓜州干河口北 50MW 风电平价上网示范项目	华能甘肃能源 开发有限公司	甘肃省瓜州县 干河口北二南	5
9	甘肃矿区黑崖子 50MW 风电平价上网示范项目	中核汇能有限公司 西北分公司	甘肃矿区	5
10	上海尘悟玉门平价上网 新型风力发电技术示范项目	上海尘悟环保科技 发展有限公司	甘肃省玉门 十三里井子区域	0.4
11	宁夏东梦灵武高新材料产业园 分布式能源（无补贴电价）示范项目	宁夏东梦能源 股份有限公司	宁夏回族自治区银川市 灵武东山变电站东	0.45
12	新疆晋商风电有限责任公司 5 万 kW 风电项目一期	新疆晋商风电 有限责任公司	新疆维吾尔自治区乌鲁 木齐市达坂城区东部	5
13	龙源达坂城风电三场六期 4.95 万 kW 风电项目	新疆龙源风力发电有限 公司乌鲁木齐分公司	新疆维吾尔自治区 乌鲁木齐县托里乡	4.95

4.3 太阳能发电产业政策

2017 年 8 月，国家能源局、国务院扶贫办发布《关于"十三五"光伏扶贫计划编制有关事项的通知》（国能发新能〔2017〕39 号），指出以村级光伏扶贫电站为主要建设模式，村级电站应在建档立卡贫困村建设，单个村级电站容量控制在 300kW 左右（具备就近接入条件的可放大至 500kW）。不具备建设村级电站条件的地区，可建设集中式光伏扶贫电站，但要严格按照政府投资入股、按股分成的资产收益模式建设，发生光伏限电问题的省份不安排集中式光伏扶贫电站。

2017 年 9 月，国家能源局下发《关于推进光伏发电"领跑者"计划实施和 2017 年领跑基地建设有关要求的通知》（国能发新能〔2017〕54 号），要求每期领跑基地控制规模为 800 万 kW，其中应用领跑基地和技术领跑基地规模分别不超过 650 万 kW 和 150 万 kW。每个基地每期建设规模 50 万 kW，应用领跑基地每个项目规模不小于 10 万 kW，技术领跑基地每个项目规模为 25 万 kW。

2017 年 9 月，国土资源部、国务院扶贫办、国家能源局联合印发《关于支持光伏扶贫和规范光伏发电产业用地的意见》（国土资规〔2017〕8 号），要求积极保障光伏扶贫项目用地，规范用地管理，严禁在国家相关法律法规和规划明确禁止的区域发展光伏发电项目。

2017 年 11 月，国家能源局下发《关于公布 2017 年光伏发电领跑基地名单及落实有关要求的通知》（国能发新能〔2017〕76 号），正式公布 2017 年光伏发电领跑基地名单：山西大同二期、山西寿阳、陕西渭南、河北海兴、吉林白城、江苏泗洪、青海格尔木、内蒙古达拉特、青海德令哈和江苏宝应共 10 个应用领跑基地和江西上饶、山西长治和陕西铜川共 3 个技术领跑基地。按照相关工作计划和进度安排，应用领跑基地应于 2018 年 12 月 31 日前全部容量建成并网，技术领跑基地应于 2018 年 6 月 30 日前全部容量建成并网。

2017 年 12 月，国家能源局印发《关于建立市场环境监测评价机制引导光伏产业健康有序发展的通知》（国能发新能〔2017〕79 号），提出光伏市场环境监测评价体系，评价结果将作为引导太阳能资源有序开发的重要依据。评价结果为红色的地区，暂不下达其年度新增建设规模；评价结果为绿色的地区，国家能源局将按规划保障其光伏电站开发规模并视情予以适度支持；评价结果为橙色的地区，可视情安排不超过 50％的年度规划指导规模。2016 年，Ⅰ类资源区宁夏，甘肃嘉峪关、武威、张掖、酒泉、敦煌、金昌，新疆哈密、塔城、阿勒泰、克拉玛依的评价结果为红色；Ⅱ类资源区的甘肃除Ⅰ类外其他地区、新疆除Ⅰ类外其他地区的评价结果也为红色。

2017 年 12 月，国家发展改革委发布《关于 2018 年光伏发电项目价格政策的通知》（发改价格规〔2017〕2196 号），降低 2018 年 1 月 1 日之后投运的光伏电站和分布式光伏补贴标准，地面电站三类资源区每千瓦时下降 0.1 元，上网电价分别为 0.55、0.65、0.75 元/（kW·h），见表 4-2。采用"自发自用、余量上网"模式的分布式光伏发电项目，全电量度电补贴标准为 0.37 元/（kW·h）（含税）。采用"全额上网"模式的分布式光伏发电项目按所在资源区光伏电站价格执行。村级光伏扶贫电站（0.5MW 及以下）标杆电价、户用分布式光伏扶贫项目度电补贴标准为 0.42 元/（kW·h）（含税）。

表 4-2 2018 年全国光伏发电上网电价表 元/（kW·h）

资源区	光伏电站标杆上网电价		分布式发电度电补贴标准		各资源区所包括的地区
	普通电站	村级光伏扶贫电站	普通项目	分布式光伏扶贫项目	
Ⅰ类资源区	0.55	0.65			宁夏，青海海西，甘肃嘉峪关、武威、张掖、酒泉、敦煌、金昌，新疆哈密、塔城、阿勒泰、克拉玛依，内蒙古除赤峰、通辽、兴安盟、呼伦贝尔以外地区
Ⅱ类资源区	0.65	0.75	0.37	0.42	北京，天津，黑龙江，吉林，辽宁，四川，云南，内蒙古赤峰、通辽、兴安盟、呼伦贝尔，河北承德、张家口、唐山、秦皇岛，山西大同、朔州、忻州、阳泉，陕西榆林、延安，青海，甘肃，新疆除Ⅰ类外其他地区
Ⅲ类资源区	0.75	0.85			除Ⅰ类、Ⅱ类资源区以外的其他地区

注 1. 西藏自治区光伏电站标杆电价为 1.05 元/（kW·h）。

2. 2018 年 1 月 1 日以后纳入财政补贴年度规模管理的光伏电站项目，执行 2018 年光伏发电标杆上网电价。

3. 2018 年以前备案并纳入以前年份财政补贴规模管理的光伏电站项目，但于 2018 年 6 月 30 日以前仍未投运的，执行 2018 年标杆上网电价。

4. 2018 年 1 月 1 日以后投运的分布式光伏发电项目，按上表中补贴标准执行。

2017 年 12 月，国家能源局和国务院扶贫办印发《关于下达"十三五"第一批光伏扶贫项目计划的通知》（国能发新能〔2017〕91 号），发布本批 14 个省

（区）、236 个光伏扶贫重点县的光伏扶贫项目，总装机规模 4 186 237.852kW。要求相关金融机构尽快与项目对接，落实贷款优惠条件，各省级发改委、能源主管部门优先将有关电网建设和改造纳入最新批次的农村电网改造升级投资计划。

4.4 其他新能源产业政策

2017 年 10 月，国家发展改革委、财政部、科技部、工信部、能源局联合下发《关于促进储能技术与产业发展的指导意见》（发改能源〔2017〕1701 号）。作为我国储能产业第一个指导性政策，该意见瞄准现阶段我国储能技术与产业发展过程中存在的政策支持不足、研发示范不足、技术标准不足、统筹规划不足等问题，提出未来 10 年我国储能产业发展的目标和五大重点任务。通过鼓励可再生能源场站合理配置储能系统，推动储能系统与可再生能源协调运行，研究建立可再生能源场站侧储能补偿机制，支持应用多种储能促进可再生能源消纳等方式，提升可再生能源利用水平应用示范。

2017 年 12 月，国家发展改革委、国家能源局联合下发《关于促进生物质能供热发展的指导意见》（发改能源〔2017〕2123 号）。指导意见明确，到 2020 年，我国生物质热电联产装机容量目标超过 1200 万 kW，生物质成型燃料年利用量约 3000 万 t，生物质燃气（生物天然气、生物质气化等）年利用量约 100 亿 m^3，生物质能供热合计折合供暖面积约 10 亿 m^2，年直接替代燃煤约 3000 万 t。国家可再生能源电价附加补贴资金将优先支持生物质热电联产项目。

5

新能源发电发展展望

5.1 世界新能源发电发展趋势

2018 全球风电装机增速下降。据全球风能理事会（GWEC）相关预测（见表 5-1），2018 年全球风电年新增装机 6090 万 kW，新增装机增速仅 2.5%；到 2021 年，新增装机容量将增至 7530 万 kW，累计容量达到 8.17 亿 kW。

表 5-1 　　　　　　　　2018－2021 年世界风电装机容量预测

项目名称	2018 年	2019 年	2020 年	2021 年
新增装机容量（万 kW）	6090	6470	7000	7530
新增装机容量增长率（%）	2.5	6.2	8.2	7.6
累计装机容量（亿 kW）	6.07	6.71	7.42	8.17
累计装机容量增长率（%）	11.2	10.7	10.7	10.4

数据来源：GWEC《2016 年全球风电报告》。

陆上风电亚洲市场占据主导地位。其中，中国处于领先地位，印度也扮演着强大的角色，并伴随多个新兴的市场。北美洲市场增长保持强劲。南美洲中虽然巴西处于政治和经济困境，但乌拉圭、智利和阿根廷都正在填补风电市场的空白。非洲 2018 年也将经历强劲增长，由肯尼亚、南非和摩洛哥引领，非洲大陆上的未来发展图景非常乐观。澳大利亚市场经历了一个短暂的沉寂后，也开始展现出恢复的迹象，特别是拥有一个坚实的待建项目管道，将确保未来几年风电的增长。

欧洲将继续引领全球海上风电市场。欧洲海上风电平稳发展，价格降幅也为欧洲风电发展注入了一剂"强心针"，同时也将吸引全球，特别是亚洲和北美洲的政策制定者关注海上风电，为其迈向 2020 年可再生能源发展和温室气体减排目标提供了强大推动力。

世界光伏发电进入快速增长通道，2018 年全年新增装机规模持续增高。据预计，2018 年全球光伏发电在中美两国的强劲带动下将继续保持快速增长。根据欧洲光伏产业协会（EPIA）预测，到 2018 年，全球光伏发电累计装机容量将超过 400GW，2019 年将超过 500GW，2020 年和 2021 年将分别超过 600、

700GW，具体见图 5-1。

市场格局进一步向亚太地区倾斜。随着德国、意大利、西班牙等传统光伏发电大国政策调控力度的持续加大，光伏发电新增装机规模将明显减小。与此同时，美国、日本、印度等欧盟以外国家在国内政策的驱动下，将继续保持较快增长。

图 5-1 2017—2021 年世界光伏发电累计装机容量预测

数据来源：EPIA《2017—2021 年全球光伏市场展望》。

世界光热发电加速发展，有望成为新能源发展中的新兴力量。2018—2020年，随着光热发电技术的逐步成熟以及示范项目和商业项目的推进，更多国家将出台光热发电激励政策，全球太阳能光热发电将呈现加速发展势头。中国、印度、土耳其、非洲、中东和拉美地区光热发电资源将得到更加详细的勘察，成为具有开发潜力的主要地区。预计到 2020 年，全球太阳能光热发电装机容量将超过 3000 万 kW。

5.2 中国新能源发电发展趋势

（一）2018 年形势分析

据预测，2018 年，我国新能源发电装机容量持续增长，占比稳步提高。其中，风电装机容量约 19 310 万 kW，太阳能发电装机容量约 16 598 万 kW，分别占总装机容量的比例约为 10.1％ 和 8.7％。新增风电装机容量超过 2000 万 kW，新增太阳能发电装机容量约 3000 万 kW，分别占新增装机容量的比重为 21.1％ 和 26.9％。

风电在多重利好的驱动下，迎来第二次快速发展期。在建设规模向中东部转移、红六省风电投资解禁、成本下降等因素驱动下，使略显放缓的风电将再次步入发展快车道，预计全年新增超过 2000 万 kW，较 2016 年新增接近翻番。

太阳能发电继续保持大规模增长，但增速明显回落。太阳能发电装机规模已远超"十三五"规划提出的发展目标，政府将有可能陆续收紧项目审批，已发布《国家能源局关于建立市场环境监测评价机制引导光伏产业健康有序发展的通知》等相关政策文件，预计年度新增建设规模将有所缩减，全年新增 3572 万 kW，同比下降近三分之一。

（二）中长期发展展望

2020 年开发总量规模：按照《关于可再生能源发展"十三五"规划实施的指导意见》，2020 年底，全国新能源发电装机容量达到 3.9 亿 kW 以上，占电源总装机的比例达到 29％，其中风电装机容量 2.5 亿 kW 以上，太阳能发电装机容量 2 亿 kW 以上，见图 5-2、图 5-3。

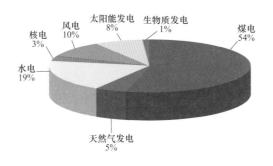

图 5-2 2020 年全国电源结构

2030 年：结合国家非化石能源战略目标、碳减排目标、新能源规划目标等约束条件，测算 2030 年新能源发展总量的底线需求。2030 年底，全国新能源

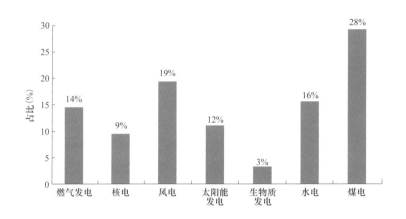

图 5 - 3 "十三五"期间各类电源新增装机容量占比

发电总装机容量至少要达到 8.8 亿 kW，占全部电源装机容量的比重达到 30%
左右。2030 年，全国新能源发电量约 2.3 万亿 kW·h，占全部发电量的比重达
到 23%。其中，风电装机容量 4.5 亿 kW 左右，太阳能发电装机容量 4 亿 kW，
生物质发电装机容量 3000 万 kW，见图 5 - 4。

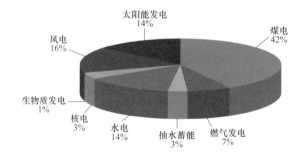

图 5 - 4　2030 年底我国电源结构情况

6

新能源发电热点问题分析

6.1 2017 年新能源消纳现状评估及趋势分析

6.1.1 我国新能源消纳影响因素分析

（一）2017 年新能源消纳总体情况

2017 年，我国风电发电量 3057 亿 kW·h，同比增长 26％；太阳能发电量 1182 亿 kW·h，同比增长 75％。全国风电设备利用小时数 1948h，同比上升 203h。全国太阳能发电设备平均利用小时 1204h，同比上升 74h。弃风弃光增长势头得到有效遏制，新能源弃电量、弃电率实现"双降"，国家电网公司经营区全年弃电量同比减少 53 亿 kW·h，弃电率同比下降 5.3 个百分点。

（二）新能源消纳影响因素及其作用

（1）新能源装机增长。在新能源装机过剩的地区，新能源装机继续增长将进一步加剧本地区新能源消纳矛盾。2017 年，国家能源局发布风电消纳红色预警，明确内蒙古、甘肃、新疆、吉林、宁夏、黑龙江等六个地区暂停风电项目建设。从实际效果来看，红色预警地区风电消纳状况有所缓解。

（2）系统调节能力。为保障电力实时平衡，应对新能源出力变动，客观上需要增强系统灵活性，开展燃煤火电机组灵活性改造，建设抽水蓄能、燃气等灵活调节电源。"三北"地区燃煤机组比重高，系统调峰困难，特别是在供热期间以及夜间负荷低谷时段。截至 2017 年底，"三北"地区燃煤火电机组装机容量仍高达 4.6 亿 kW，占全部电源装机容量的比重为 68％。目前，国家大力推进煤电机组灵活性改造工作，但由于缺乏激励机制，火电机组改造整体进展缓慢，2017 年仅完成 26 台共计 918 万 kW 火电机组改造。

（3）电网互联互通。电力系统的灵活性要依靠电网平台发挥作用。当电网之间存在网络约束时，难以充分调用和共享灵活性资源。加强电网互联，可以提高网间调峰能力的互济水平。电网互联后，可以实现电力外送相当于扩大新能源市场范围。截至 2017 年底，依托跨省跨区输电通道，新能源外送电量达到 492 亿 kW·h，约是 2012 年的 25 倍，对促进新能源消纳起到了重要作用。

（4）优化调度运行。 通过优化系统调度运行，充分调动系统可用调节资源，集全网之力消纳新能源。2017 年，通过深度挖掘火电机组调峰潜力、提升"四鱼"断面、青海海西送出断面等省内关键输电断面能力，实施全网统一调度和省间备用共享、加大省间调峰互济等措施，进一步优化系统调度运行，促进新能源消纳。

（5）用电需求。 省内用电需求增长和电能替代将显著提高消纳空间，对新能源消纳具有十分重要的促进作用。2017 年用电量增速明显回升，全国用电量达到 6.3 万亿 kW·h，同比增长 6.6%，其中甘肃、新疆、宁夏、内蒙古、山西等新能源富集省（区）的用电量同比分别增长高达 9.3%、11.5%、10.3%、11%、10.8%，如图 6-1 所示。

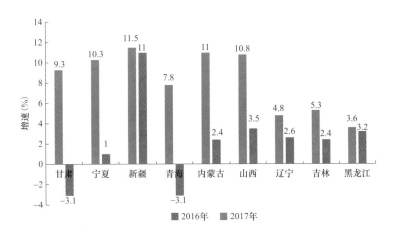

图 6-1　2017 年和 2016 年分地区用电量增速

（6）市场机制。 运用市场机制能够调动各方参与消纳新能源的积极性，丹麦、德国、西班牙等国家依托完备的电力市场体系实现新能源高效利用。2017 年，我国通过实施新能源与自备电厂替代交易、新能源与省内大用户直接交易、抽水蓄能与新能源低谷交易、省间新能源发电权交易、跨区新能源增量现货交易等，极大拓展了新能源消纳途径。

6.1.2　2017 年各种影响因素的贡献度评估

（一）评估方法

按照各种影响因素实际增加的新能源发电量作为依据，测算各种影响因素的贡献度。

新能源新增发电量＝本年新增装机折算为去年新增的发电量＋本年市场交易新增的新能源电量＋本年优化调度新增的新能源电量＋本年用电需求新增的新能源电量＋局部地区新能源装机放缓新增的新能源电量

其中：

本年新增装机折算为去年新增的发电量＝新能源新增装机×去年上半年累计发电小时数

市场交易新增的新能源电量＝跨省跨区交易新增新能源电量＋发电权交易新增新能源电量＋抽水蓄能电站跨区交易新增新能源电量＋替代自备电厂新增新能源电量＋辅助服务交易新增新能源电量＋大用户直接交易新增新能源电量＋现货交易新增新能源电量

优化调度新增的新能源电量＝火电机组灵活性改造新增新能源电量＋区域旋转备用共享新增新能源电量＋优化抽水蓄能电站新增新能源电量＋省间调峰互济新增新能源电量＋省内输电断面能力提升新增新能源电量

本年用电需求新增的新能源电量＝实际新增新能源发电量－市场交易新增的新能源电量－优化调度新增电量

局部地区新能源装机放缓新增的新能源电量，根据其他因素保持不变的前提下，采用时序生产模拟方法计算得到。

（二）贡献度评估

根据实际调研数据，统计各种因素影响下新增的新能源发电量，见表 6‑1。其中，新能源装机增速放缓主要考虑蒙东、甘肃、新疆、吉林、宁夏、黑龙江等六个风电红色预警地区，按照 2016 年实际新增风电装机容量 399 万 kW 假定作为 2017 年的新增装机进行测算。

表 6-1 2017 年各种影响因素新增的新能源电量测算 亿 kW·h

影响因素/ 措施	2016 年实际消纳 新能源电量或交易电量	2017 年实际消纳 新能源电量或交易电量	增量
新能源装机增速放缓	—	—	**58.8**
用电需求增长	—	—	**117.1**
优化调度	**129.3**	**275.6**	**146.3**
省间调峰互济	26.34	97	70.7
区域旋转备用共享	0	47	47.0
抽水蓄能电站利用	103	82.3	−20.7
火电机组灵活性改造	0	9.3	9.3
关键输电断面能力提升	0	40	40.0
市场交易	**567.0**	**881.9**	**314.9**
跨省跨区交易	361.76	492	130.2
新能源与火电发电权交易	0.74	3.4	2.7
抽蓄跨区参与新能源消纳	0	2.4	2.4
自备电厂替代交易	94.1	119.4	25.3
辅助服务交易	10.4	24.99	14.6
新能源现货交易	0	57.7	57.7
省内新能源与大用户直接交易	100	182	82.0

从"源、网、荷、市场机制"四大类影响因素的贡献度分析，新能源市场交易电量对 2017 年国家电网公司经营区新能源消纳的促进作用最为明显，贡献度达到 50%；其次是优化调度和用电需求增长，贡献度分别达到 23% 和 18%；新能源装机增速放缓贡献度为 9%，主要是假定 2017 年风电新增装机规模不大，见图 6-2。

从优化调度各项措施来看，省间调峰互济对促进新能源消纳的作用最大，

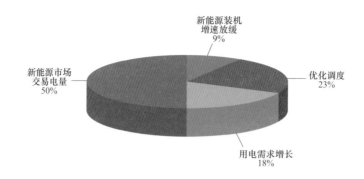

图 6-2　2017 年四大类影响因素贡献度

贡献度达到 14%；其次是区域旋转备用容量共享和省内关键输电断面能力提升，贡献度分别为 9% 和 8%。从新能源市场交易的各项措施来看，跨省跨区新能源电量交易对促进新能源消纳的作用最大，贡献度达到 26%；其次是新能源参与跨区现货交易，贡献度达到 12%，其他交易类型由于交易电量规模偏小，贡献度均不大，见图 6-3。

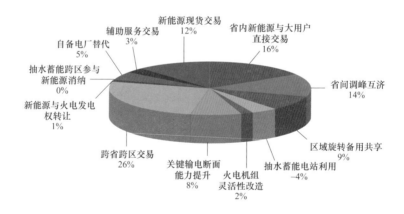

图 6-3　2017 年优化调度和市场交易涉及的各项措施贡献度

6.1.3　我国新能源消纳趋势分析

新能源消纳是一项系统工程，需要从电源、电网、用户、市场等多个环节入手，综合施策，确保各项重点措施执行到位，促进新能源高效消纳。从 2017 年各种影响因素的贡献度来看，各项措施对改善新能源消纳状况起到了明显作用，特别是增加新能源市场交易电量。

2017 年，国家发展改革委发布《解决弃水弃风弃光问题实施方案》，要求确保弃水弃风弃光电量和限电比例逐年下降，2020 年基本解决弃风弃光问题。初步测算分析表明，如果各影响因素和各项措施均能够按照国家规划目标实现，包括新能源装机规模达到国家规划目标、"三北"地区火电灵活性改造完成 2.1 亿 kW、累计完成电能替代电量 5000 亿 kW•h 等，2020 年国家电网公司经营区弃风弃光率基本上可以控制在 5% 以内。

但从目前形势来看，几项关键影响因素和措施落实存在一定困难，实现 5% 消纳目标仍将面临很大挑战。"三北"地区新增新能源装机规模可能超出国家规划目标；火电灵活性改造规模和进展难以达到预期，目前改造规模仅完成 5%；省间壁垒严重存在，新能源大范围优化配置受限；关系电网安全和新能源消纳的一些关键电网工程尚未批复，"三北"跨区特高压直流无法满功率运行，新能源大规模外送消纳受限。因此，需要完善火电调峰补偿机制，加快推进火电机组灵活性改造；完善促进新能源消纳市场机制，出台可再生能源配额制政策打破省间壁垒；加强受端电网结构，加快核准建设一批关键电网加强工程。

6.2 储能相关政策及发展前景分析

6.2.1 储能发展现状

近几年全球储能规模不断扩大，电化学储能增长迅猛。截至 2017 年底，全球已投运储能项目累计装机规模为 17 540 万 kW，年增长率 3.9%。其中，抽水蓄能装机占比最大，为 96.3%。电化学储能项目累计装机规模为 292.66 万 kW，年增长率 45%，占比 1.7%，2017 年新增投运规模 91.41 万 kW。电化学储能中以锂离子电池（76%）和钠硫电池（13%）为主。图 6-4 所示为 2017 年全球储能分技术类型的规模情况，图 6-5 所示为近 6 年全球电化学储能规模增长情况。2017 年，全球有来自五大洲的近 30 个国家投运了储能项目，储能发展的全球化趋势明显。

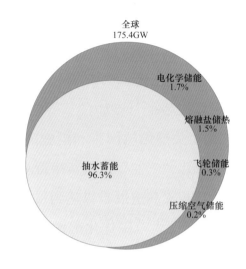

图 6-4　全球储能规模现状（截至 2017 年底）

数据来源：CNESA 项目库。

图 6-5　全球电化学储能规模增长情况（2012—2017 年）

数据来源：CNESA 项目库。

中国储能保持高速增长，增速超全球水平。截至 2017 年底，中国已投运储能项目累计装机规模为 2890 万 kW，年增长率 18.9%，增速是全球的近 5 倍。其中，抽水蓄能装机占比最大，接近 99%。电化学储能项目累计装机规模为 38.98 万 kW，年增长率 45%，占比 1.3%，2017 年新增投运规模 12.1 万 kW。

电化学储能中以锂离子电池（58%）和铅蓄电池（36%）为主。图6-6所示为2017年中国储能分技术类型的规模情况，图6-7所示为近6年中国电化学储能规模增长情况。

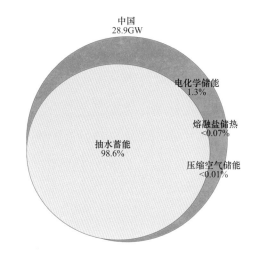

图6-6 中国储能规模现状（截至2017年底）

数据来源：CNESA项目库。

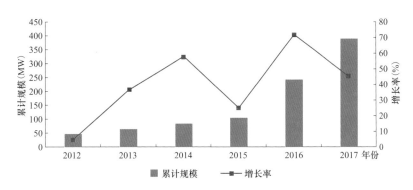

图6-7 中国电化学储能规模增长情况（2012—2017年）

数据来源：CNESA项目库。

6.2.2 全球储能支持政策及对我国的借鉴

在全球范围内，随着各国可再生能源的快速发展以及对供电安全可靠性的要求不断提高，加之储能成本的快速下降，储能已在多种场景应用，包括集中式可再生能源侧、分布式发电侧、调频辅助服务、用户侧和电网侧等。为推动储能的商业化发展，美国、德国、日本、澳大利亚等国家陆续出台了储能激励政策。相关政策的制定背景和实施经验可为我国储能激励政策的制定提供依据和参考。

（一）典型国家支持储能的政策

（1）美国。

美国通过投资补贴、税收抵减、强制采购和市场机制推动储能在分布式发电和辅助服务场景的应用，以应对可再生能源大规模发展带来的挑战。

在分布式发电侧场景， 联邦政府层面，出台了投资税收抵减（ITC）和成本加速折旧（MACRS）政策，鼓励光伏系统配套储能设备。州层面，以加利福尼亚州自发电激励计划（SGIP）为代表，于 2011 年将储能纳入补贴范围，之后对储能补贴的具体政策进行多次调整。在最新的 2017 年版政策中，2019年底前可再生能源与储能的补贴预算约为 5 亿美元，其中储能占 80％；补贴方式由按照储能功率（W）进行补贴改为按照储能能量（W·h）进行补贴；补贴标准从按年份逐步递减改为按批次逐步递减，并与储能项目功率范围、是否已享受 ITC 政策等因素有关，在 0.18～0.5 美元／（W·h）之间；对于小于 30kW的储能项目，补贴标准还将在此基础上根据储能满充满放小时数进行递减。

在电网侧场景， 政府制订电力公司的储能强制采购目标计划，用于应对如储气库泄漏等突发事故可能造成的电力供应压力。早在 2010 年 9 月，加州政府通过 AB2514 法令，要求 CPUC 研究制定高效、低成本储能技术的强制采购方案。2013 年 10 月，CPUC 制订"储能采购目标计划"，在 2014－2020 年，每两年一轮，共实施 4 轮，要求加利福尼亚州三大公共事业公司（拥有部分发电资产）在 2020 年前需合计采购 1.325GW 储能设施，其中电力网及发电侧690MW、配电网侧 425MW、用户侧 200MW。2016 年 9 月，这个目标被更新为 1.825GW。截至 2017 年初，加利福尼亚州共完成约 750MW 的储能采购。除加利福尼亚州外，美国的俄勒冈州、马萨诸塞州和内华达州也效仿加州相继颁布法令，要求其能源主管部门制订储能采购目标计划。

在辅助服务场景，美国联邦能源监管委员会（FERC）陆续发布 890 号法令（2007 年）、755 号法令（2011 年）和 784 号法令（2013 年），允许储能参与电力市场提供辅助服务，制定了在电力零售市场中调频辅助服务按效果付费补偿的机制，并允许输电网运营商从第三方直接购买辅助服务。

（2）德国。

对户用光伏发电配置储能设备提供投资补贴，提高光伏发电自用比例，降低对电网的影响。德国连续实施了两轮储能激励政策。2013 年 5 月，德国出台第一轮储能激励政策，对 2013 年 1 月 1 日之后新建且小于 30kW 的户用光伏发电所配置的储能设备提供补贴，补贴幅度为储能设施购置费的 30%，补贴预算为每年 2500 万欧元，并通过复兴银行提供低息贷款。2016 年 3 月，德国延长储能补贴政策，补贴预算为每年 3000 万欧元，并继续提供低息贷款。

（3）日本。

对用户侧储能实施初投资补贴，提高用电可靠性。2011 年福岛事故后，日本民众对于可靠供电的需求提升，用户侧储能得到大力扶持。日本对家庭和商业用锂离子电池储能建设投入 334 亿日元补贴预算，约为新装储能投资的 2/3（家庭用户补贴上限为 100 万日元，商业用户补贴上限为 1 亿日元）。

（4）澳大利亚。

对户用储能（包括离网型和并网型）以及可再生能源发电侧配置储能项目给予投资补贴并允许其参与辅助服务市场。澳大利亚地广人稀、光照资源丰富，光储系统可在电网难以到达的偏远地区提供经济可靠的电力供应，因此澳大利亚可再生能源署（ARENA）开展了预算总额为 4 亿澳元（约合 20.3 亿元人民币）的偏远地区能源计划，用于资助离网光储项目，截至 2016 年底实际支持资金超过 1.3 亿澳元。澳大利亚绿党"电池储能安装激励计划"为个人用户提供 50% 的可偿还税收抵免，低收入者还可以申请安装补贴；工商业领域的储能项目可以享受资产加速折旧，在 3 年内完成折旧以降低税费负担。2016 年以来，南澳州连续出现电网停电事故或限负荷事件；2017 年 3 月，南澳州政府出台"能源计划",提出建立储能和可再生能源技术基金,对储能项目建设予以部分资金资助,总预算 1.5 亿澳元(约合 7.6 亿元人民币)。

(二)对我国的借鉴

一是要注重导向性,与实际需求相结合。各国电网面临的问题不同,对储能的需求不一样,出台的储能支持政策的着力点也就不同。美国和德国支持储能主要是解决可再生能源接入问题,日本主要是解决供电可靠性问题。

二是要注重针对性,与不同应用场景相结合。对于分布式发电侧或者用户侧储能,容量小但数量多,适合采用初投资补贴形式,并可辅以税收优惠政策,保障政策可操作。对于提供辅助服务的储能,其价值与实际运行情况密切相关,适合采取市场机制,按储能实际提供服务的效果进行补偿。

三是要注重时效性,建立退出机制。储能技术正处于快速发展期,成本呈较快下降趋势,预计到 2020 年锂离子电池建设成本将再降 35% 左右,电池寿命将提高 60% 左右。在制定激励政策时要结合发展目标,设置补贴规模上限,适时退出,从而激发产业内生动力,降低发展成本。

6.2.3 我国储能发展前景分析

(一)我国政策导向

国家层面出台首个储能产业指导性政策。2017 年 9 月,国家发展改革委等五部委印发《关于促进我国储能技术与产业发展的指导意见》(发改能源〔2017〕1701 号),这是我国储能产业第一个国家级政策,提出未来 10 年我国储能产业发展目标和主要任务。"十三五"期间,我国储能从研发示范到进入商业化初期,"十四五"期间,从商业化初期到规模化发展。布置了五大主要任务:推进储能技术装备研发示范、推进储能提升可再生能源利用水平应用示范、推进储能提升电力系统灵活性稳定性应用示范、推进储能提升用能智能化水平应用示范、推进储能多元化应用支撑能源互联网应用示范。

此外,围绕促进储能发展,部分区域也提出相关市场规则及管理规范。

2016 年，国家能源局发文促进电储能参与"三北"地区电力辅助服务补偿（市场）机制试点，探索电储能在系统运行中的调峰调频作用及商业化应用，促进可再生能源消纳；2017 年，山西省和南方电网先后围绕电储能参与辅助服务制定了实施细则；江苏省在国内首次制定了客户侧储能系统并网的管理规范；北京、江苏、广东、山西、福建等地区的政府机构和电网公司也在开始积极探索储能产业发展路径，准备制定相关政策。

（二）我国储能商业化发展模式

在政策推动、市场引导、成本下降的多重影响因素下，我国储能进入商业盈利初期阶段时主要会有以下几种发展模式：

在发电侧，以储能参与调频辅助服务项目为主。该类型项目通过储能与火电机组配合，跟踪调度 AGC 指令，实现综合调节性能 K_P 值大幅提升，且使机组分配到更多调频任务，大幅增加火电企业调频补偿收入。投资回收期约为 5 年。

在大电网侧，以大规模储能调峰电站为主。参照抽水蓄能两部制电价，未来电化学储能参与调峰市场将成为可能。目前我国在建的大连液流电池储能电站国家示范项目建设总规模将达到 200MW/800MW·h，一期建设 100MW/400MW·h。建成后将缓解辽宁电网冬季调峰压力。

在配电网侧，以电网侧分布式储能电站为主。电网侧配置分布式储能可以在一定程度上减少高渗透率分布式发电接入引起的电网改造成本，提高配电资产利用效率，提高供电可靠性和电能质量。当国家政策明确电网企业投资的电网侧储能可以纳入配电有效资产时，储能作为减少电网总体投资、提高电网供电能力、保障电网运行安全的有效手段，将在电网侧大规模建设发展。

在用户侧，以用户侧分布式储能和综合能源系统储能为主。一方面，用户侧分布式储能电站通过"低充高放"减少用户的容量电费和电量电费，在峰谷价差较高区域投资回收期为 7～9 年；另一方面，随着多能互补、互联网＋智慧能源、微电网等综合能源系统项目的大量建设，储能在提高系统综合效率方面将发挥作用。

（三）我国储能规模预测

根据国家能源局相关规划和相关研究机构预测，到 2020 年，我国储能规模将达到 43.79GW，其中抽水蓄能按照"十三五"水电规划将达到 40GW；电化学储能达 1.78GW，为 2017 年底累计容量的 4.5 倍；压缩空气储能达到 0.21GW；熔融盐储热预计达到 1.8GW。

6.3 光伏发电补贴退坡经济性分析

6.3.1 光伏发电价格及补贴调整

为促进可再生能源发展，落实国务院办公厅《能源发展战略行动计划（2014—2020)》关于新能源标杆上网电价逐步退坡的部署，国家发展改革委在 2017 年 12 月 22 日印发的《关于 2018 年光伏发电项目价格政策的通知》中规定：2018 年 1 月 1 日之后投运的光伏电站，Ⅰ类、Ⅱ类、Ⅲ类资源区标杆上网电价分别调整为 0.55、0.65、0.75 元/（kW•h）（含税）。采用"自发自用、余量上网"模式的分布式光伏发电项目，全电量度电补贴标准调整为 0.37 元/（kW•h）（含税），下调 0.05 元/（kW•h）。采用"全额上网"模式的分布式光伏发电项目按所在资源区光伏电站价格执行。对于村级光伏扶贫电站（0.5MW 及以下）标杆电价、户用分布式光伏扶贫项目，度电补贴标准保持不变。

6.3.2 补贴退坡对光伏发电经济性的影响

此次价格调整，对涉及的不同类型光伏发电项目影响不同，自发自用模式分布式光伏发电项目更加受益。

（一）地面光伏电站

三类资源区上网电价均下调 0.1 元/（kW•h），但对不同资源区收益率的影响不同。根据国家电力投资集团 2018 年最新招标报价显示，目前中标组件价格为多晶 2.48 元/W、单晶 2.66 元/W，比 2017 年略有下降。光伏组件的造价是初始投资中占比最大的部分，再加上近年来融资成本的降低，光伏电站初始投资的下降趋势明显，但 2018 年电价下调后，系统成本的下降无法弥补电价下调的影响，项目的内部收益率还是会下降。据测算，2018 年电价下调后，Ⅰ类、Ⅱ类、Ⅲ类资源区项目内部收益率将分别下降约 2 个、1.9 个、1.8 个百分点。在目前的系统成本下，电价调整后，行业内部收益率将维持在 6% 以上的较低水平，并且考虑等待进入目录期间补贴支付延迟等情况，将对新建项目的盈利和偿债能力提出挑战。如需提高项目内部收益率，使之回归到 8% 以上，组件价格仍需要进一步下降约 30%。

（二）分布式光伏

按照 80% 自用测算，度电补贴下降 0.05 元/（kW·h），内部收益率下降约 1 个百分点。鉴于此次度电补贴下调幅度低于预期，调整后"自发自用，余量上网"分布式光伏项目收益率高于地面电站。如再考虑部分省（市）、园区级补贴，此类分布式光伏项目收益率有望超过 10%。此外，随着光伏发电上网电价的下调，"全额上网"和"自发自用，余量上网"两种模式下的电价差异逐渐拉大，后者的收益大于前者的省份更多，覆盖范围更广，具体如图 6-8 所示。

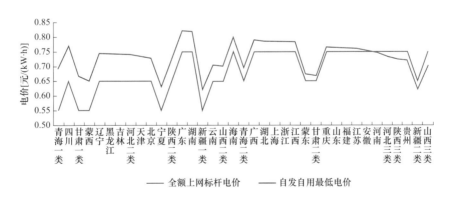

图 6-8　2018 年分布式光伏两种模式收益对比

分省（区）来看，2017 年，自发自用余量上网电价高于全额上网电价的仅有 17 个省（区）；2018 年电价和补贴调整之后，这一范围增加到 31 个省

（区）。从全国范围来看，自发自用最低电价与全额上网电价差额的平均值也因为光伏发电标杆上网电价的下调而有所提高，从 2017 年的－0.0033 元/（kW·h）提高到 2018 年的 0.0467 元/（kW·h）。从电价收益来看，显然，"自发自用，余量上网"模式在大部分地区收益要高于"全额上网"电价，具体见表 6-2。

表 6-2　2017 年和 2018 年各省（区）分布式光伏两种模式经济性对比

元/（kW·h）

序号	省（区）	区域	资源区	脱硫燃煤标杆电价	2018 年				2017 年			
					全额上网标杆电价	自发自用补贴	自发自用最低电价	自发自用最低电价与全额上网电价差额	全额上网标杆电价	自发自用补贴	自发自用最低电价	自发自用最低电价与全额上网电价差额
1	青海	海西	Ⅰ	0.3247	0.55	0.37	0.6947	0.1447	0.65	0.42	0.7447	0.0947
2	四川	全省	Ⅱ	0.4012	0.65	0.37	0.7712	0.1212	0.75	0.42	0.8212	0.0712
3	甘肃	嘉峪关、武威、张掖、酒泉、敦煌、金昌	Ⅰ	0.2978	0.55	0.37	0.6678	0.1178	0.65	0.42	0.7178	0.0678
4	蒙西	内蒙古其他	Ⅰ	0.2829	0.55	0.37	0.6529	0.1029	0.65	0.42	0.7029	0.0529
5	辽宁	全省	Ⅱ	0.3749	0.65	0.37	0.7449	0.0949	0.75	0.42	0.7949	0.0449
6	黑龙江	全省	Ⅱ	0.3740	0.65	0.37	0.7440	0.0940	0.75	0.42	0.7940	0.0440
7	吉林	全省	Ⅱ	0.3731	0.65	0.37	0.7431	0.0931	0.75	0.42	0.7931	0.0431
8	河北	承德、张家口、唐山、秦皇岛	Ⅱ	0.3720	0.65	0.37	0.7420	0.0920	0.75	0.42	0.7920	0.0420
9	天津	全市	Ⅱ	0.3655	0.65	0.37	0.7355	0.0855	0.75	0.42	0.7855	0.0355
10	北京	全市	Ⅱ	0.3598	0.65	0.37	0.7298	0.0798	0.75	0.42	0.7798	0.0298
11	宁夏	全省	Ⅰ	0.2595	0.55	0.37	0.6295	0.0795	0.65	0.42	0.6795	0.0295
12	陕西	榆林、延安	Ⅱ	0.3545	0.65	0.37	0.7245	0.0745	0.75	0.42	0.7745	0.0245
13	广东	全省	Ⅲ	0.4530	0.75	0.37	0.8230	0.0730	0.85	0.42	0.8730	0.0230
14	湖南	全省	Ⅲ	0.4500	0.75	0.37	0.8200	0.0700	0.85	0.42	0.8700	0.0200

续表

序号	省（区）	区域	资源区	脱硫燃煤标杆电价	2018 年				2017 年			
					全额上网标杆电价	自发自用补贴	自发自用最低电价	自发自用最低电价与全额上网电价差额	全额上网标杆电价	自发自用补贴	自发自用最低电价	自发自用最低电价与全额上网电价差额
15	新疆	哈密、塔城、阿勒泰、克拉玛依	Ⅰ	0.2500	0.55	0.37	0.6200	0.0700	0.65	0.42	0.6700	0.0200
16	云南	全省	Ⅱ	0.3358	0.65	0.37	0.7058	0.0558	0.75	0.42	0.7558	0.0058
17	山西	大同、朔州、忻州、阳泉	Ⅱ	0.3320	0.65	0.37	0.7020	0.0520	0.75	0.42	0.7520	0.0020
18	海南	全省	Ⅲ	0.4298	0.75	0.37	0.7998	0.0498	0.85	0.42	0.8498	− 0.0002
19	青海	其他	Ⅱ	0.3247	0.65	0.37	0.6947	0.0447	0.75	0.42	0.7447	− 0.0053
20	广西	全省	Ⅲ	0.4207	0.75	0.37	0.7907	0.0407	0.85	0.42	0.8407	− 0.0093
21	湖北	全省	Ⅲ	0.4161	0.75	0.37	0.7861	0.0361	0.85	0.42	0.8361	− 0.0139
22	上海	全市	Ⅲ	0.4155	0.75	0.37	0.7855	0.0355	0.85	0.42	0.8355	− 0.0145
23	浙江	全省	Ⅲ	0.4153	0.75	0.37	0.7853	0.0353	0.85	0.42	0.8353	− 0.0147
24	江西	全省	Ⅲ	0.4143	0.75	0.37	0.7843	0.0343	0.85	0.42	0.8343	− 0.0157
25	蒙东	赤峰、通辽、兴安盟、呼伦贝尔	Ⅱ	0.3035	0.65	0.37	0.6735	0.0235	0.75	0.42	0.7235	− 0.0265
26	甘肃	其他	Ⅱ	0.2978	0.65	0.37	0.6678	0.0178	0.75	0.42	0.7178	− 0.0322
27	重庆	全市	Ⅲ	0.3964	0.75	0.37	0.7664	0.0164	0.85	0.42	0.8164	− 0.0336
28	山东	全省	Ⅲ	0.3949	0.75	0.37	0.7649	0.0149	0.85	0.42	0.8149	− 0.0351
29	福建	全省	Ⅲ	0.3932	0.75	0.37	0.7632	0.0132	0.85	0.42	0.8132	− 0.0368
30	江苏	全省	Ⅲ	0.3910	0.75	0.37	0.7610	0.0110	0.85	0.42	0.8110	− 0.0390
31	安徽	全省	Ⅲ	0.3844	0.75	0.37	0.7544	0.0044	0.85	0.42	0.8044	− 0.0456
32	河南	全省	Ⅲ	0.3779	0.75	0.37	0.7479	− 0.0021	0.85	0.42	0.7979	− 0.0521
33	河北	河北其他	Ⅲ	0.3644	0.75	0.37	0.7344	− 0.0156	0.85	0.42	0.7844	− 0.0656

续表

序号	省（区）	区域	资源区	脱硫燃煤标杆电价	2018 年				2017 年			
					全额上网标杆电价	自发自用补贴	自发自用最低电价	自发自用最低电价与全额上网电价差额	全额上网标杆电价	自发自用补贴	自发自用最低电价	自发自用最低电价与全额上网电价差额
34	陕西	其他	Ⅲ	0.3545	0.75	0.37	0.7245	−0.0255	0.85	0.42	0.7745	−0.0755
35	贵州	全省	Ⅲ	0.3515	0.75	0.37	0.7215	−0.0285	0.85	0.42	0.7715	−0.0785
36	新疆	其他	Ⅱ	0.2500	0.65	0.37	0.6200	−0.0300	0.75	0.42	0.6700	−0.0800
37	山西	其他	Ⅲ	0.3320	0.75	0.37	0.7020	−0.0480	0.85	0.42	0.7520	−0.0980

注 自发自用余量上网模式的收益分为两部分，即自发自用部分电价＝用户电价＋国家补贴＋地方补贴，余电上网部分电价＝当地燃煤标杆电价＋国家补贴＋地方补贴。一般来说，用户电价要高于燃煤标杆电价，故表中使用"自发自用最低电价"，即燃煤标杆电价＋0.37 元/（kW·h）来与全额上网模式进行对比。

从电价收益来看，电价下调之后，"自发自用，余量上网"模式将在全国大部分地区具备较强的竞争优势。

6.3.3 光伏价格调整和补贴退坡机制对市场的影响

光伏扶贫项目将成为增长主力。2016 年起，国家发展改革委、国家能源局、国务院扶贫办等陆续出台相关文件，扶持光伏扶贫。2018 年 1 月，下达"十三五"第一批光伏扶贫项目计划，共计 14 个省（区）、236 个光伏扶贫重点县的 8689 个村级电站，总装机规模 418.6 万 kW，并为光伏扶贫项目提供贷款优惠和融资保障。

截至 2017 年底，已有 16 个省（市）将 862.4 万 kW 的新增规模用于光伏扶贫项目，再加上村级扶贫的 418.6 万 kW，累计总规模已超过 1.2 亿 kW，光伏扶贫市场显得日益重要。从此次价格调整来看，村级扶贫电站上网电价保持不变而下调其他类型光伏电站价格，扶贫电站的经济性优势凸显，体现出国家对光伏扶贫的扶持力度加大。可以预见，光伏扶贫项目将成为 2018 年光伏发电市场的增长主力和竞争焦点。

分布式光伏将成为 2018 年的增长重点。过去几年间，我国的地面光伏电站一直是投资建设的热点，而分布式光伏发电项目的发展则呈现迟缓状态。2017 年起，国家连续发布《关于开展分布式发电市场化交易试点的通知》等政策支撑分布式光伏发展，使我国分布式光伏发电呈现井喷式增长，年度新增并网容量超过 1900 万 kW，单年新增并网容量是 2016 年的 4 倍多。分布式光伏累计并网户数已超过 70 万户，累计并网容量超过 2800 万 kW。分布式光伏发电已经呈现出与地面电站比肩的趋势。

综合行业政策和产业现状判断，2018 年分布式光伏将延续 2017 年的爆发式增长态势。尽管这是首次下调度电补贴标准，但比预期小的降幅仍展示了国家继续支持分布式光伏的导向。2017 年分布式光伏发电新增并网容量占全年光伏发电新增装机容量的 40%，综合考虑此次电价调整对分布式光伏的利好，2018 年这一比例将有可能达到 50%。从布局上来看，政策导向对新建光伏电站和分布式光伏项目的配置均偏向二类、三类资源区，2018 年我国光伏发电新增装机布局仍将集中在中东部地区，华北、华东地区新增装机占全国新增装机的比例将超过 60%。

值得一提的是，我国有超过 4 亿户家庭，除去一些限制因素，居民分布式光伏发电理论安装潜力约 3000 万户，市场潜力巨大。2016 年，我国居民分布式光伏累计并网户数达到 15 万户，占分布式光伏发电并网类型的 80% 以上。据估算，2017 年，我国居民分布式光伏发电累计并网户数已超过 50 万户，而 2018 年，这一数据仍将持续增加。经综合考虑，户用分布式扶贫项目度电补贴仍为 0.42 元/（kW·h），使其更具有投资吸引力和经济竞争力。在政策推动、成本下降的综合影响下，居民分布式光伏项目正加速进入千家万户，必将成为 2018 年光伏市场的一大亮点。

6.4 分布式光伏高比例接入对电网影响的分析

6.4.1 分布式光伏发展现状及特点

2017 年分布式光伏爆发式增长，累计装机容量 2966 万 kW，同比增长 190%；新增装机容量 1944 万 kW，同比增长 3.7 倍。具体来看，2017 年我国分布式光伏发展呈现出如下特点：

一是增量上分布式光伏与集中式光伏电站发展并举，分布式光伏主要集中在东中部地区。《能源生产和消费革命战略（2016－2030）》提出"坚持集中式和分布式开发并举"，目前分布式光伏发展正体现了这一要求。2017 年，我国新增装机容量中分布式光伏和集中式光伏电站的比例约 1∶1.75。同时，受限于土地等因素影响，东中部较适宜发展分布式光伏。2017 年，分布式光伏发电累计并网容量超过 100 万 kW 的 8 个省份都集中在东中部，包括浙江、山东、江苏、安徽等。

二是分布式光伏逐渐向多能互补、综合能源系统方向发展，与"互联网＋"技术融合的趋势明显。"十三五"以来，国家先后批复 23 个多能互补集成优化示范工程、28 个新能源微电网示范项目、55 个"互联网＋"智慧能源等一系列综合试点示范。分布式光伏作为一种波动性、间歇性电源，在能源供给方面更多是一种半成品，通过多能互补等方式对提高能源综合利用效率具有重要意义。

三是分布式光伏获得更充分的市场地位，与配电、售电侧改革融合的趋势明显，分布式发电运营模式更加多样化。2017 年 10 月，国家发展改革委、国家能源局下发了《关于开展分布式发电市场化交易试点通知》（发改能源〔2017〕1901 号），分布式发电可与电力用户直接交易，"隔墙售电"成为现实。2017 年 7 月，国家发展改革委、国家能源局印发了《推进并网型微电网建设试行办法》（发改能源〔2017〕1339 号），明确微电网为第二类售电公司，拥有配电网运营权，可以参加电力市场交易。分布式发电位于用户侧，接入配电网，与增量配电、微电网、综合能源系统密切相关，容易形成发配售一体化系统，分布式市场化交易、分布式发电＋增量配电、微电网成为分布式发电的重要运营模式。

6.4.2　分布式光伏高比例接入给电力系统带来新挑战

在国家相关政策的驱动下，分布式光伏持续保持高速增长，**对电网运行的影响呈现出"局部向全局发展、配电网向主网延伸"的趋势**，给配电网形态和功能、系统调频调压、电网调度运行管理、电能质量控制等提出更多挑战和要求。

配用电网络的形态和功能发生显著变化。随着分布式光伏高比例接入，以及电力体制改革下多形态微能源系统等配售电主体的出现，能源供给与消费形式日趋多样，配用电网络的形态和功能发生显著变化，**原有的"源、网、荷"竖井结构逐步打破，功能逐步向多源对等、开放互动、自愈主动方向发展**。一方面局部高比例分布式光伏接入，使电网下网潮流变轻，甚至出现倒送，严重时导致部分地区网供负荷特性发生变化（网供负荷低谷出现在白天用电高峰期，此类现象在江苏、安徽已经出现）；另一方面，分布式发电与微能网将逐步向即插即用、集群并网、高效运行、灵活互动方向发展，在配电与用电方向需要应对多主体对等运营等挑战。

对电力系统安全运行带来影响。一方面分布式光伏多采用恒功率因数（$\cos\varphi=1$）运行，不提供无功功率，在电力大发期间，其集中并网地区下网潮流变轻，甚至倒送，使系统局部地区电压抬升明显，如遇节假日负荷低谷效应叠加，电压存在越限的可能，严重时可能导致电源脱网（此类事件 2016 年在江苏淮安曾出现，10kV 电压抬升至 11.2kV 以上，导致光伏脱网）。另一方面，随着分布式光伏并网容量快速增长，大量负荷就地平衡，对网供负荷增长的抵消效应明显，相当于替代了部分常规机组。但分布式光伏在故障期间不能提供有效的无功支撑，造成动态无功支撑不足，暂态电压水平逐渐降低，严重时导致电压长时间凹陷。此外，分布式光伏只向电力系统提供随光资源变化的有功功率，不具备适应电网频率波动的自适应调节能力。

对调度运行管理带来挑战。一是分布式电源快速发展，数量多，电压等级参差不齐，目前调度只对 10kV 以上分布式电源进行管理，而 380/220V 等级不监控，如果监控电压等级向下延伸，则会带来巨大的经济成本和管理成本；二是在现有技术条件下，大多数地（县）调不具备分布式光伏发电监视和出力预测手段，常规负荷预测无法计及分布式发电的影响，分布式光伏高比例接入地区对负荷预测精度的影响较为明显，电网大多数时段需要预留更多的备用容量以应对分布式光伏出力的变化；三是增加了继电保护的复杂性，故障情况下分布式光伏短时间保持低电压穿越运行状态，将持续提供故障电流和恢复电压，增加了线路重合闸和备自投失败的风险；四是分布式电源接入方式多样化，不只是调度数据网，还包括无线网等，对电网调度信息管理提出挑战。

对电能质量水平产生一定影响。分布式光伏高比例接入地区，变流器等电力电子元件大规模接入电网，易导致谐波、电压闪变等电能质量指标超标。此种情况在浙江嘉兴部分分布式光伏集中并网点已出现过电压闪变、谐波畸变率等指标超标的案例。

6.4.3 电网适应分布式光伏高比例接入的建议

一是严把分布式光伏并网关口，杜绝带缺陷接入。严格落实 GB/T 33592《分布式电源并网运行控制规范》、GB/T 33593《分布式电源并网技术要求》等最新技术要求，严控信息接入、设备入网检测及现场验收，加强功率控制、电压调节、低电压穿越、防孤岛保护等运行特性检测，严把入网关，实行一票否决制，对不满足并网要求的分布式光伏坚决不予并网。

二是构建分布式光伏消纳能力分区评级机制。对各地区分布式光伏的消纳能力进行评估分析，按照接纳能力将不同供电区域分别划分为推荐区、限制区和控制区，定期发布评估结果，建立分布式光伏发电评估可接入能力管理机制。

三是鼓励分布式光伏＋、微电网、综合能源系统发展模式，推动构建新一代电力系统。一方面鼓励分布式光伏＋储能、微电网、综合能源系统发展模式，提高分布式光伏就地消纳和平衡能力，减少对电网的冲击；另一方面，推动传统电力系统向新一代电力系统升级转变，依托更智能弹性的电网，实现多能源互联互通、即插即用，提高对波动性可再生能源电力的接纳能力，最大幅度地提升能源综合利用效率，有效支持分散化用户充分参与到电力系统中。

6.5 氢能发展现状及发展前景分析

6.5.1 氢能技术概况

氢能是一种绿色、高效的二次能源，具有热值较高、储量丰富、来源多样、应用广泛、利用形式多等优点。氢能产业链包括制氢、储运氢、用氢等环节。在制氢方面，2017 年全球氢气生产量超过 6000 万 t，其中 96％来自化石燃料，大部分采用天然气和煤油制氢技术（详见表 6‐3）；电解水制氢产量仅占 4％，制氢成本较高，是化石燃料制氢的两倍多，目前利用可再生能源电解水制氢已经成为新热点。在储运氢方面，目前普遍采用具备高耐氢和耐压能力的 25～35MPa 储氢罐，70MPa 处于示范应用阶段。管道运输是运氢环节的主要方式，根据麦肯锡公司数据，截至 2017 年底，全球共铺设了 4284km 输氢管道，其中美国达到 2400km、欧洲约有 1500km。在用氢方面，大部分局限在工业领域，主要用途是作为化工行业的原材料，其中 60％用于合成氨，38％用于炼油和煤炭深加工。氢燃料电池汽车应用规模不大，但发展快速。截至 2017 年底，全球在运的氢燃料电池汽车超过 6000 辆，加氢站达到 286 座，主要集中在美国、日本和德国。

表 6 - 3　　　　　　各种制氢技术的原理、成本和产量比例

类型	技 术 原 理	成本 （美元/kg）	2017 年 产量占比 （%）
煤制氢	煤在高温常压或加压下，与水蒸气或氧气（空气）反应转化成气体产物。气体产物中含有氢气等，经提纯制取氢气。$C + H_2O + heat$——$CO + H_2$	1.67	30
天然气制氢	在一定的压力和高温及催化剂作用下，天然气中烷烃和水蒸气发生化学反应。$CH_4 + H_2O + heat$——$CO + 3H_2$；$CO + H_2O$——$CO_2 + H_2$	2.00	48
甲醇裂解制氢	甲醇和除盐水按一定的配比混合，加热至270℃左右的混合物蒸汽，在催化剂（$Cu - Zn - Al$）或者（$Cu - Zn - Cr$）的作用下，发生催化裂解和转化反应	3.99	18
电解水制氢	电流通过水（H_2O）时，在阳极则通过氧化水形成氧气，在阴极通过还原水形成氢气。$H_2O + electricity$——$H_2 + 1/2O_2$	5.20	4

6.5.2　国内外氢能发展现状

氢能是一种低碳高效的清洁能源，随着全球温升控制步伐加快，氢能源发展存在迫切需要，市场空间也十分广阔。目前，发达国家纷纷出台了强有力的氢能及燃料电池扶持政策，其中力度最大、响应最积极的是日本、欧盟和美国，中国、韩国、巴西、加拿大等国家也有相关部署。

（一）美国

美国是氢能发展的先行者。1970 年，美国开始布局氢能技术研发；2002年，布什政府制定美国氢能发展路线图，颁布一系列法令，加快氢能产业发展。2008 年金融危机以来，奥巴马政府减少对氢能领域的财政支持，转向支持清洁能源、电动汽车等技术相对成熟、短期内利于经济复苏的产业，对氢能发展带来一定影响。2014 年，美国颁布《全面能源战略》，重新确定氢能在交通转型中的引领作用，并于 2017 年宣布继续支持 30 个氢能项目建设，推动氢能

产业取得显著进展。据美国能源部统计，2016年美国氢能产业创造了约1.6万个就业岗位，氢燃料电池汽车超过3500辆，加氢站达到60座。

（二）日本

日本着力打造氢能社会。 日本制定了国家氢能基本战略，确定至2050年氢能社会建设目标以及具体行动计划，并计划在东京奥运会全面采用氢能源公交车。日本的分布式燃料电池系统发展迅猛，截至2016年底已经累计推广20万台，2016年底的售价为127万日元（约合7.5万元人民币），补贴降低到15万日元（约合8800元人民币）。政府的目标是到2030年累计推广530万台。此外，日本政府跟汽车行业生产商合作研发氢燃料电池汽车，截至2017年底，日本氢燃料电池汽车超过2000辆。计划到2020年，日本可上路的氢能燃料电池汽车将达到4万辆，到2025年达到20万辆，到2030年达到80万辆。900座广泛应用的加氢站将为这些车辆提供加氢服务。2009—2015年日本家用燃料电池安装数量如图6-9所示。

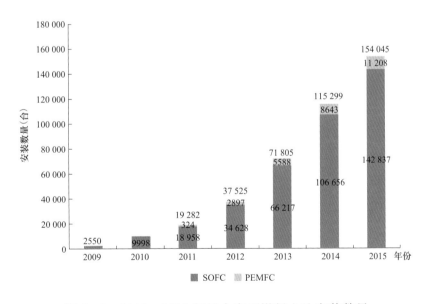

图6-9　2009—2015年日本家用燃料电池安装数量

（三）德国

德国汉堡市启动了规模宏大的氢能示范应用项目——"HyCity（氢能城

市）"的计划，被称为"**通向明天能源世界的窗口**"。该计划涵盖了氢气制取、运输、储存及燃料电池应用的氢能全产业链，主要包括 5 个子计划，分别是氢能基础设施建设与燃料电池在公交系统的应用、燃料电池在不同交通运输系统的应用、燃料电池在发电站系统中的应用、燃料电池在航空系统中的应用和燃料电池在船舶运输系统中的应用。

德国致力于开发集风力发电、电解水制氢、高压储氢及燃料电池发电技术于一体的氢能应用技术，并建立多个氢能示范应用中心。该技术首先将风能转化为电能，再通过电解水和高压储氢技术产生和储存氢气，将氢气输送至燃料电池系统将氢能转化为电能。风能作为氢气生成的初始能源，氢气作为能量储存与输送媒介，不仅可为燃料电池汽车和船舶提供清洁燃料电池，而且燃料电池也作为发电站。这种模式能非常有效地克服风能发电的不稳定性，用户可根据需要运用燃料电池自行发电，将能实现未来能量供给方式的去中心化。例如，由 ENERTRAG 能源公司实施建设的氢能示范项目——燃料电池电站，该电站的总额定功率为 700kW，每年可产生 16GW•h 的电能，可满足 4000 个家庭的用电需求。

（四）中国

中国氢能产业仍处于示范应用初期，与发达国家存在较大差距。自 2011 年以来，中国相继发布了一系列政策措施，引导并鼓励包括氢能和燃料电池产业发展。目前，中国煤化工制氢的产量世界第一，但在燃料电池技术研发、氢能关键材料和装备制造等方面相对滞后，基础研发与核心技术投入不足，氢能产业发展总体落后于发达国家。截至 2017 年底，实际在运的氢燃料电池汽车不足 300 辆，加氢站仅 7 座，新能源制氢项目进展缓慢。

2017 年以来，中国各地方也开始出台适合自身发展的氢能支持政策。上海 2016 年率先出台燃料电池汽车发展规划，此后武汉和苏州相继发布氢能产业规划。这些城市表示要抢抓氢能产业发展机遇，并制定了不同时期的发展目标。武汉提出，2018－2020 年聚集超过 100 家燃料电池汽车产业链相关企业，燃料电池汽车全产业链年产值超过 100 亿元等。到 2025 年，武汉将产生 3～5 家氢能国际领军企业，建成加氢站 30～100 座，氢能燃料电池全产业链年产值力争突破 1000 亿元，成为世界级新型氢能城市。各地还配合发展目标出台重点任务和保障举措。苏州将加大财政对氢能产业发展和科技创新的投入力度，研究加氢站、燃料电池汽车、加氢终端补贴等政策，降低消费者使用成本。发挥苏州创新产业发展引导基金的作用，建立健全政府引导、企业为主、社会参与的多元化投入体系。

6.5.3　氢能应用前景分析

未来氢能将与风能、太阳能等新能源在共同推动碳减排、助力能源转型中发挥重要作用，成为能源系统中重要的组成部分。国际氢能源委员会预测，2050 年氢能源需求是目前的 10 倍，占终端能源消费量的比例将超过 15%，对全球二氧化碳减排量的贡献度将达到 20%。

安全性和成本高是目前制约氢燃料电池汽车发展的主要因素。从安全性上看，氢燃料电池汽车的安全性不断提高。丰田汽车公司通过装备高强度碳纤维材质的车载储氢罐和高性能传感器等，降低氢燃料泄漏导致的爆燃风险；从成本上看，氢燃料电池汽车未来具有较大的成本下降空间。2016 年底，氢燃料电池汽车的整车成本约是燃油汽车的 2.1 倍，是纯电动汽车的 1.6 倍，其中燃料电池系统占一半，如图 6-10 所示。近年来，丰田汽车公司通过技术创新不断降低燃料电池系统（成本约占整车的一半）催化剂铂金属的用量，使得氢燃料电池汽车成本近 10 年来下降近 80%。国际能源署（IEA）预测，到 2030 年、2050 年，氢燃料电池汽车成本将比目前分别下降 44% 和 55%，接近燃油汽车成本。2030 年，全球氢燃料电池汽车将占全部汽车产量的 3%，2050 年将提高到 15% 左右，超过 3 亿辆氢燃料汽车投运。考虑发展阶段、技术成熟、成本趋势等因素，电动汽车仍将是未来新能源汽车的主导技术，氢燃料电池汽车通过发挥加氢时间短、续航里程长等技术优势，将在公交、大巴等重型车载领域实现广泛应用。

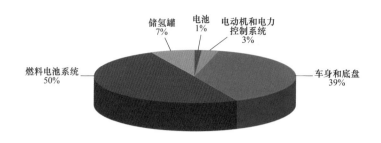

图 6-10　氢燃料电池汽车成本构成

作为国家战略性新兴能源的重要组成部分，我国加快推动氢能开发和产业应用。未来我国氢能将在交通运输减排、电能替代等方面发挥重要作用。一是与电动汽车互为补充，共同推动交通运输领域碳减排。国家规划明确 2020 年实现 5000 辆氢燃料电池汽车在特定地区公共服务用车领域的示范应用，建成 100座加氢站；2030 年实现百万辆氢燃料电池汽车的商业化应用，建成 1000 座加氢站。二是建设氢能源发电系统。根据美国拉扎德咨询公司统计，2016 年氢燃料电池发电系统成本为 $0.74\sim1.16$ 元／（kW·h），已经具备一定的市场竞争力。未来在用户侧推广应用小型氢燃料电池分布式发电系统，满足家用热电联供的需要，推动家庭电气化进程，促进电能替代。

6.6　美国新能源行业最新动态

6.6.1　美国新能源行业政策及市场动态

FERC 驳回 DOE "煤炭和核能救助计划"。2018 年 1 月，美国能源部（DOE）向联邦能源管理委员会（FERC）提出了"煤炭和核能救助计划"，要求为储藏了 90 天矿石燃料的电站提供补贴，以此来保证电网运行的稳定性。该救助计划旨在寻找救助煤炭和核能企业的办法，力求通过加快电网维护的理由而保护煤炭和核能电站。最终 FERC 否决了该计划。

美国电力市场向储能设施全面开放。2018 年 2 月，美国联邦能源管理委员会（FERC）通过 841 法案，要求各区域输电组织（RTO）和独立系统运营商（ISO）修改其电力市场规则设计，促进储能设施全面参与电量、容量、辅助服务等各类型市场。法案要求：①储能资源能够合法地在电力市场（包括容量、电量和辅助服务市场）提供其技术能力可提供的服务；②电网运营商必须能够调度储能资源，且储能资源能够以买方和卖方的身份，按照批发市场的节点边际电价结算；③必须通过竞标参数或其他方式达到对储能资源的物理属性和运行特性的衡量，市场规则设计必须考虑储能容量，也要考虑调节效果；④规模大于 100kW 的储能资源必须具备参与市场的法定资格。

FERC 要求新建发电设备需具备提供一次调频服务的能力。新能源发电占比不断上升，对电力系统安全带来的挑战日益增加；同时考虑到目前非同步发电设备（风电、光伏发电）已具备提供一次调频服务能力，美国联邦能源管理委员会（FERC）认为有必要修改条例，要求非同步发电设备也公平承担一次调频服务。2018 年 2 月，FERC 通过 842 法案，要求所有新建发电设备安装相应设备以能够提供一次调频服务，并将其作为新建发电项目并网的条件。根据法案规定，所有新建机组针对频率偏移提供及时、持续的一次频率响应，同时对发电设备提出了包括最大压降及死区（specific maximum droop and deadband）参数在内的具体运行要求。

6.6.2 美国新能源行业发展动态

风电规模平稳增长，太阳能发电规模保持快速增长。截至 2017 年底，美国新能源总装机容量 1.41 亿 kW，占总发电装机容量的 13.0%[1]；其中风电、太阳能发电装机容量分别为 8754 万、5330 万 kW。2011－2017 年，美国新能源装机容量增加 1.01 亿 kW，年均增长率 20%；其中，风电新增装机容量 4841 万 kW，年均增长率 12%；太阳能发电新增装机容量 5243 万 kW，年均增长率 80%。

---

[1] 数据来源：美国能源信息署（EIA）。

新能源发电已具备竞争力。在不考虑外部性成本和平衡成本的情况下，目前风电、光伏最低平准化发电成本（LCOE）已经低于部分常规发电技术。根据 Lazard 公司❶测算，在该场景下截至 2017 年底，美国单循环燃气机组、核电、燃煤发电、联合循环燃气机组最低平准化发电成本（含补贴在内）分别为 156、112、60、42 美元／（MW·h），居民屋顶光伏、公用事业规模光伏发电、风力发电最低平准化发电成本（含补贴在内）分别为 187、43、30 美元／（MW·h）❷。

风电、光伏 PPA 价格持续降低。近年内风电、光伏 PPA 价格呈现下降趋势。根据美国劳伦斯伯克利国家实验室（LBNL）测算，风电 PPA 年平均价格由 2010 年的 61.13 美元／（MW·h）下降至 2017 年的 16.79 美元／（MW·h）❸；光伏 PPA 年平均价格由 2010 年的 132.7 美元／（MW·h）下降至 2017 年的 51.4 美元／（MW·h）❹。

储能发电成本仍然较高。目前，与常规能源、新能源发电项目发电成本相比，储能发电成本仍然较高。根据 Lazard 公司预测，截至 2017 年底，美国规模在 5kW～100MW、各类锂离子电池的 LCOE 情况如下：削峰（4h/100MW）、分布式电站（6h/10MW）、微电网（4h/1MW）、商业表后使用（2h/125kW）、居民表后使用（2h/5kW）的锂离子电池最低 LCOE 分别为 282、272、363、891、1028 美元／（MW·h）❺。

---

❶ Lazard 公司是华尔街最神秘的投行，具有 150 多年历史，在很长时间内都是一家家族企业，也是近几十年来最好的国际投资银行之一。

❷ 数据来源：Lazard's Levelized Cost of Energy Analysis。

❸ 数据来源：LBNL. 2016 Wind Technologies Market Report。风电年平均 PPA 价格通过统计历史风电 PPA 合同计算所得，2010－2016 年计入统计的 PPA 合同一共 187 个，总计容量 2149 万 kW；2017 年只有一个合同计入统计，容量 23 万 kW。由于该报告于 2017 年 8 月出版，因此 2017 年 PPA 样本并非全年样本，计算得到的 2017 年风电平均 PPA 价格仅为临时值。

❹ 数据来源：LBNL. Utility－Scale Solar 2016－An Empirical Analysis of Project Cost, Performance, and Pricing Trends in the United States。光伏年平均 PPA 价格通过统计历史光伏 PPA 合同价格计算所得，2010－2016 年计入统计的 PPA 合同一共 161 个，总计容量 953 万 kW；2017 年统计的 PPA 合同 7 个，容量 34 万 kW。由于该报告于 2017 年 9 月出版，因此 2017 年 PPA 样本并非全年样本，计算得到的 2017 年光伏平均 PPA 价格仅为临时值。

❺ 数据来源：美国 Lazard 公司报告 Lazard's Levelized Cost of Storage Analysis。

用户侧绿色电力消费意识逐步增强。2017 年，美国 Google、Apple、Facebook、GM 以及其他一些大型企业一共签订了 310 万 kW 的风光 PPA。提出"100％可再生能源"目标的州政府和企业逐渐增加，美国马里兰州哥伦比亚地区电网的可再生能源使用比例达到 100％，美国 Apple 公司目前全球所有运营中心均已实现 100％可再生能源供电。

6.6.3 美国新能源产业未来发展趋势

未来美国风电、光伏发电成本将呈现下降趋势。根据美国能源信息署（EIA）预测，2020、2022、2040 年投运的陆上风电最低 LCOE[1] 为 40.1、40.7、34.5 美元/（MW·h）；2020、2022、2040 年投运的太阳能光伏发电最低 LCOE 为 42.4、42.3、35.4 美元/（MW·h）[2]。

预计 2020 年后，美国新建可再生能源发电项目将比继续运行现有燃煤及核电机组更具有经济性。根据美国 NextEra Energy 公司[3]预测，2020 年之后的几年内，美国现有燃煤及核电机组的可变运行成本为 35～50 美元/（MW·h），届时新建可再生能源发电项目将比继续运行现有燃煤及核电机组更具有经济性，在运燃煤机组退役时间也将大大提前。

---

[1] 计算平准化发电成本时考虑投资成本、运维成本、输电成本、税收优惠以及发电的容量系数。

[2] 数据来源：EIA. Levelized Cost and Levelized Avoided Cost of New Generation Resources in the Annual Energy Outlook 2018。

[3] 美国 NextEra Energy 公司提供与电力有关的服务，它主要有两家子公司——佛罗里达电力照明公司（Florida Power & Light Co.）和 NextEra 能源公司（NextEra Energy Resources）。佛罗里达电力照明公司主要从事发电、输电、配电和电力销售。NextEra 能源公司主要从事清洁与可再生燃料发电。

附录 1　2017 年世界新能源发电发展概况

截至 2017 年底，世界新能源[1]发电装机容量约为 10.3 亿 kW[2]，同比增长 16.6%。其中，风电装机容量为 5.1 亿 kW，约占 50%；太阳能发电装机容量约为 3.9 亿 kW，约占 38%；生物质及其他发电装机容量约为 1.2 亿 kW，约占 12%，具体如附图 1-1 所示。

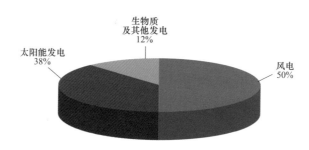

附图 1-1　2017 年世界新能源发电装机构成

2017 年世界新能源发电装机容量的国家排名情况如附表 1-1 所示。

附表 1-1　　　　　　　2017 年世界分品种新能源发电累计和
新增装机容量排名前五位的国家

排名 装机类别	1	2	3	4	5
风电装机容量	中国	美国	德国	印度	西班牙
新增风电装机容量	中国	德国	美国	英国	印度
太阳能光伏发电装机容量	中国	日本	德国	美国	意大利
新增太阳能光伏发电装机容量	中国	印度	美国	日本	土耳其

（一）风电

世界风电装机增速放缓。截至 2017 年底，世界风电装机容量约

---

[1]　指非水可再生能源。
[2]　数据来源：IRENA. Renewable Capacity Statistics 2018。

5.14 亿 kW[1]，同比增长 10.0%，增速比 2016 年下降 2.1 个百分点。2017 年世界风电新增装机容量约 4671 万 kW，同比减少 7.4%。2008—2017 年世界风电装机容量如附图 1-2 所示。

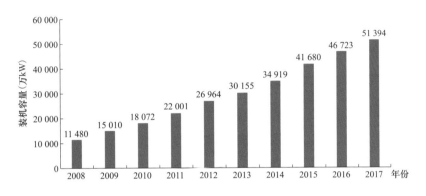

附图 1-2　2008—2017 年世界风电装机容量

亚洲、欧洲和北美洲仍然是世界风电装机的主要市场。2017 年，从世界风电装机的总体分布情况看，亚洲、欧洲[2]和北美洲仍然是世界风电装机容量最大的三个地区，累计风电装机容量分别达到 20 445 万、17 786 万、10 386 万 kW，分别占世界累计风电容量的 39.8%、34.6% 和 20.2%，如附图 1-3 所示。

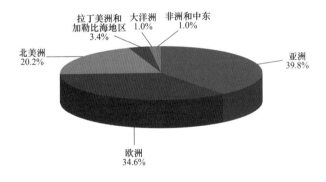

附图 1-3　2017 年世界风电累计装机容量大区分布情况

中国、美国、德国、印度、西班牙位列世界风电装机前五强。截至 2017 年

---

[1]　数据来源：IRENA. Renewable Capacity Statistics 2018。
[2]　俄罗斯、格鲁吉亚、阿塞拜疆、土耳其、亚美尼亚归入欧洲国家。

底，世界风电装机容量排名前五位的国家依次为中国❶、美国、德国、印度、西班牙，装机容量分别为 16 406 万、8754 万、5588 万、3288 万、2299 万 kW❷，合计占世界风电总装机容量的 70.7%，详见附图 1-4。2017 年新增风电装机容量排名前五位的国家依次为中国、德国、美国、英国、印度，新增装机容量分别为 1508 万、628 万、626 万、427 万、418 万 kW，中国新增风电装机容量居世界第一，约占全球风电新增装机容量的 32.3%。

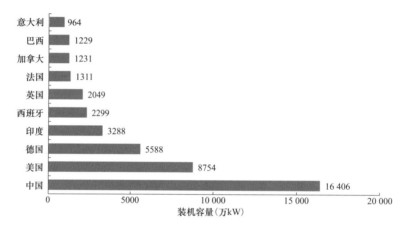

附图 1-4　2017 年世界风电累计装机容量排名前十位的国家

海上风电发展呈现地域较为集中的特点。截至 2017 年底，海上风电累计装机容量 1928 万 kW，约占世界风电总装机容量的 3.8%；2017 年新增海上风电装机容量约 493 万 kW，约占世界风电新增装机容量的 10.6%。目前，超过 85% 的海上风电装机位于欧洲，其他的示范项目位于中国、日本、韩国和美国。截至 2017 年底，欧洲海上风电累计装机容量 1639 万 kW，其中海上风电装机容量排名前三位的国家依次为英国（751 万 kW）、德国（541 万 kW）、中国（264 万 kW）；2017 年欧洲海上风电新增装机容量 374 万 kW，其中 59% 集中在英国（222 万 kW），34% 集中在德国（128 万 kW）。2008—2017 年全球海上风电装机容量如附图 1-5 所示。

---

❶ 中国按并网口径计算。

❷ 数据来源：IRENA. Renewable Capacity Statistics 2018。

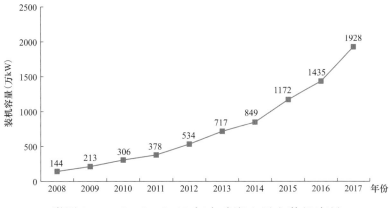

附图 1-5　2008－2017 年全球海上风电装机容量

（二）太阳能发电

1. 光伏发电

全球光伏发电装机容量仍然保持快速增长，新增装机容量创历史新高。截至 2017 年底，世界光伏发电装机容量达到 38 567 万 kW❶，同比增长 32.1%；新增装机容量达到 9365 万 kW，同比增长 29%。2008－2017 年世界光伏发电装机容量如附图 1-6 所示。其中，亚洲光伏发电装机容量达到 21 097 万 kW，占世界光伏发电装机容量的 54.7%；新增装机容量为 7217 万 kW，占世界光伏发电新增装机容量的 77.1%。

附图 1-6　2008－2017 年世界光伏发电装机容量

---

❶　数据来源：IRENA. Renewable Capacity Statistics 2018。

　　中国、日本、德国、美国、意大利成为全球累计光伏发电装机容量前五名。截至 2017 年底，世界光伏发电累计装机容量排名前五位的国家依次为中国、日本、德国、美国和意大利，装机容量分别为 13 063 万、4860 万、4239 万、4113 万、1969 万 kW❶，如附图 1 - 7 所示。日本光伏发电装机容量继续保持增长，累计装机容量位列全球第二；意大利、德国光伏发电装机容量增长乏力；中国光伏发电持续快速发展，累计装机容量继续保持世界第一位。

　　中国新增光伏发电装机容量继续保持世界第一位。2017 年，世界光伏发电新增装机容量排名前五位的国家依次为中国、印度、美国、日本和土耳其，新增容量分别为 5308 万、963 万、817 万、700 万 kW 和 259 万 kW。

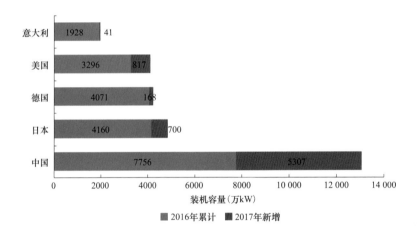

附图 1 - 7　2017 年世界光伏发电装机容量排名前五位的国家

2. 光热发电

　　世界光热发电装机稳步增长。截至 2017 年底，世界光热发电装机容量 495 万 kW，同比增长 2.1%，2008—2017 年年均增长率约为 28%，如附图 1 - 8 所示❶。

---

　　❶　数据来源：IRENA. Renewable Capacity Statistics 2018。

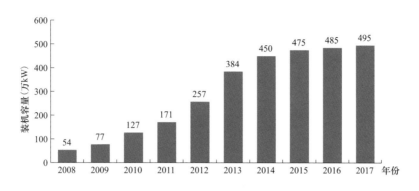

附图 1-8　世界光热发电装机容量

世界光热发电主要集中在西班牙和美国。截至 2017 年底，西班牙光热发电装机容量 230 万 kW，占全球光热发电装机容量的 46.5%；美国光热发电装机容量约为 176 万 kW，占总装机容量的 35.6%；其他在运的光热电站分布在印度（23 万 kW）、南非（30 万 kW）、摩洛哥（18 万 kW）、阿联酋（10 万 kW）、阿尔及利亚（2.5 万 kW）、埃及（2 万 kW）。规划建设的光热电站主要位于非洲、中东、亚洲和拉美地区。

（三）其他新能源发电

生物质发电装机增速同比减少，欧盟是世界生物质发电发展较好的地区。截至 2017 年底，世界生物质发电装机容量约为 1.09 亿 kW，同比增长 4.7%，年增长率同比降低 3.3%。世界生物质发电以生物质固体燃料（主要指农林废弃物）为主，约占生物质发电装机容量的 82.4%，其次为沼气发电和垃圾发电。2017 年底，欧盟 28 国生物质发电装机容量达到 3599 万 kW，占世界生物质发电装机总容量的 33%。

世界地热发电装机容量稳步增长。世界高温地热资源较少，而高效开发浅层地热资源的技术难度较大。2017 年全球地热发电新增装机容量约 64.5 万 kW，累计装机容量约 1289 万 kW。地热发电装机容量排名前五位的国家依次为美国、印度尼西亚、菲律宾、土耳其、新西兰。

世界海洋能发电规模较小。目前，海洋能发电技术相对成熟的是潮汐发电。截至 2017 年底，全球海洋能发电装机容量约 52.9 万 kW。韩国建成的 25.8 万 kW 的潮汐能电站，仍然是目前世界上最大的海洋能发电设施；法国在运的潮汐能电站 22.0 万 kW；其他在运的电站包括加拿大 2.3 万 kW 的潮汐能电站、中国浙江 3900kW 的潮汐能电站，以及英国约 1.8 万 kW 的潮汐能和波浪能发电项目。

附录 2 世界新能源发电数据

附表 2 - 1　　**截至 2017 年底世界分品种新能源发电装机容量**　　百万 kW

国家（地区） 技术类型	世界	欧盟	美国	德国	中国	西班牙	意大利	印度
风电	513	169	88	56	164	23	10	33
太阳能光伏发电	386	107	41	42	131	5	20	19
太阳能光热发电	5	2	2	0	0	2	0	0
生物质发电	109	36	13	9	11	1	3	10
地热发电	13	0.8	2.5	0	0	0	0.8	0
海洋能发电	0.5	0.2	0	0	0	0	0	0

数据来源：IRENA. Renewable Capacity Statistics 2018。

注　中国按并网口径计算。

附表 2 - 2　　**截至 2017 年底世界排名前 16 位国家风电装机规模**　　万 kW

序号	国家	装机容量	序号	国家	装机容量
1	中国	16 406	9	巴西	1229
2	美国	8754	10	意大利	964
3	德国	5588	11	瑞典	663
4	印度	3288	12	土耳其	652
5	西班牙	2299	13	波兰	580
6	英国	2049	14	丹麦	552
7	法国	1311	15	葡萄牙	512
8	加拿大	1231	16	澳大利亚	456

数据来源：IRENA. Renewable Capacity Statistics 2018。

注　中国按并网口径计算。

附表 2‑3   截至 2017 年底世界排名前 16 位国家光伏发电装机规模　　万 kW

序号	国家	装机容量	序号	国家	装机容量
1	中国	13 063	9	澳大利亚	641
2	日本	4860	10	韩国	560
3	德国	4239	11	西班牙	498
4	美国	4113	12	比利时	357
5	意大利	1969	13	土耳其	342
6	印度	1905	14	加拿大	294
7	英国	1279	15	泰国	270
8	法国	820	16	希腊	260

数据来源：IRENA. Renewable Capacity Statistics 2018。

注　中国按并网口径计算。

附录3 中国新能源发电数据

附表 3-1   **2017 年中国各电网风电装机容量及发电量**

区域	风电装机容量 （万 kW）	电源总装机容量 （万 kW）	占比 （%）	风电发电量 （亿 kW·h）	总发电量 （亿 kW·h）	占比 （%）
全国	16 367	177 703	9.2	3057	64 179	4.8
北京	19	1219	1.5	3	394	0.9
天津	29	1499	1.9	6	596	1.0
河北	1181	6807	17.4	263	2657	9.9
山西	872	8073	10.8	165	2766	6.0
内蒙古	2670	11 826	22.6	551	4424	12.5
辽宁	711	4869	14.6	150	1791	8.4
吉林	505	2864	17.6	87	783	11.1
黑龙江	570	2969	19.2	108	954	11.3
上海	71	2400	3.0	17	865	1.9
江苏	656	11 469	5.7	120	4885	2.5
浙江	133	8899	1.5	25	3348	0.8
安徽	217	6468	3.4	41	2470	1.7
福建	252	5597	4.5	65	2186	3.0
江西	169	3167	5.3	31	1186	2.7
山东	1061	12 556	8.5	166	4860	3.4
河南	233	7993	2.9	30	2703	1.1
湖北	253	7124	3.5	48	2646	1.8
湖南	263	4277	6.2	50	1340	3.7
广东	335	10 903	3.1	62	4348	1.4
广西	150	4337	3.5	25	1342	1.9

续表

区域	风电装机容量 (万 kW)	电源总装机容量 (万 kW)	占比 (%)	风电发电量 (亿 kW·h)	总发电量 (亿 kW·h)	占比 (%)
海南	31	773	4.1	6	305	1.9
重庆	33	2319	1.4	7	727	1.0
四川	210	9721	2.2	35	3569	1.0
贵州	369	5803	6.4	63	2012	3.1
云南	819	8905	9.2	199	2974	6.7
西藏	1	281	0.3	0.1	58	0.2
陕西	363	4357	8.3	54	1626	3.3
甘肃	1282	4995	25.7	188	1342	14.0
青海	162	2543	6.4	18	616	2.9
宁夏	942	4188	22.5	155	1404	11.0
新疆	1806	8503	21.2	319	3003	10.6

数据来源：中国电力企业联合会《2017 年全国电力工业统计快报》。

附表 3 - 2 　　　　2017 年中国太阳能发电装机及发电量

区域	太阳能装机 (万 kW)	电源总装机容量 (万 kW)	占比 (%)	太阳能发电量 (亿 kW·h)	总发电量 (亿 kW·h)	占比 (%)
全国	13 025	177 703	7.3	1182	64 179	1.8
北京	25	1219	2.1	2	394	0.5
天津	68	1499	4.5	6	596	1.0
河北	868	6807	12.8	77	2657	2.9
山西	590	8073	7.3	56	2766	2.0
内蒙古	743	11 826	6.3	113	4424	2.6
辽宁	223	4869	4.6	12	1791	0.7
吉林	159	2864	5.6	13	783	1.7
黑龙江	94	2969	3.2	6	954	0.6
上海	58	2400	2.4	3	865	0.3

续表

区域	太阳能装机 （万 kW）	电源总装机容量 （万 kW）	占比 （%）	太阳能发电量 （亿 kW·h）	总发电量 （亿 kW·h）	占比 （%）
江苏	907	11 469	7.9	81	4885	1.7
浙江	814	8899	9.1	56	3348	1.7
安徽	888	6468	13.7	62	2470	2.5
福建	92	5597	1.6	6	2186	0.3
江西	449	3167	14.2	30	1186	2.5
山东	1052	12 556	8.4	73	4860	1.5
河南	703	7993	8.8	44	2703	1.6
湖北	413	7124	5.8	28	2646	1.1
湖南	176	4277	4.1	6	1340	0.4
广东	332	10 903	3.0	20	4348	0.5
广西	69	4337	1.6	4	1342	0.3
海南	32	773	4.1	3	305	1.0
重庆	12.4	2319	0.5	0.2	727	0.0
四川	135	9721	1.4	16	3569	0.4
贵州	155	5803	2.7	4	2012	0.2
云南	233	8905	2.6	31	2974	1.0
西藏	79	281	28.1	6	58	10.3
陕西	524	4357	12.0	52	1626	3.2
甘肃	786	4995	15.7	73	1342	5.4
青海	791	2543	31.1	113	616	18.3
宁夏	620	4188	14.8	76	1404	5.4
新疆	933	8503	11.0	110	3003	3.7

数据来源：中国电力企业联合会《2017 年全国电力工业统计快报》。

附表 3 - 3   我国第一批太阳能热发电示范项目及建设进度情况

序号	项目名称	项目投资企业	技术路线	技术来源与系统集成企业	系统转换效率（企业承诺，%）	项目建设进度情况
				塔式		
1	青海中控太阳能发电有限公司德令哈熔盐塔式5万kW光热热发电项目	青海中控太阳能发电有限公司	熔盐塔式，6h 熔融盐储热	浙江中控太阳能技术有限公司	18	该项目于 2016 年 10 月启动建设，2017 年 3 月正式开始现场施工。预计将在 2018 年底如期建成投产。截至目前，项目已完成聚光集热系统和储、换热系统施工图设计，发电系统土建专业施工图设计；定日镜安装已完成 5600 多套，吸热塔施工至 73.5m；换热系统土建工程、储罐基础、主厂房基础和汽轮机基座工程的施工均已完成，已开始储罐罐体的安装
2	北京首航艾启威节能技术股份有限公司敦煌熔盐塔式 10 万 kW 光热发电示范项目	北京首航艾启威节能技术股份有限公司	熔盐塔式，11h熔融盐储热	北京首航艾启威节能技术股份有限公司	16.01	目前吸热塔内钢结构正在施工；镜厂立柱安装 1650 根；组装车间已经启用；主厂房墙体开始砌筑；现已具备人住和办公条件
3	中国电建西北勘测设计研究院有限公司共和熔盐塔式5万kW光热发电项目	中国电建西北勘测设计研究院有限公司	熔盐塔式，6h 熔融盐储热	浙江中控太阳能技术有限公司/中国电建西北勘测设计研究院有限公司	15.54	该项目前期工作目前已全部完成，并取得项目备案、地灾、压覆矿、勘测定界、电力系统接入等全部手续。该项目已完成大部分招标工作，计划于 2019 年 6 月底前并网发电

续表

序号	项目名称	项目投资企业	技术路线	技术来源与系统集成企业	系统转换效率（企业承诺，%）	项目建设进度情况
4	中国电力工程顾问集团西北电力设计院有限公司哈密熔盐塔式 5 万 kW 光热发电项目	中国电力工程顾问集团西北电力设计院有限公司	熔盐塔式，8h 熔融盐储热	浙江中控太阳能技术有限公司/中国电力工程顾问集团西北电力设计院有限公司	15.5	项目计划于 2019 年 6 月 30 日前投运
5	国电投黄河上游水电开发有限责任公司德令哈水工质塔式 13.5 万 kW 光热发电项目	国电投黄河上游水电开发有限责任公司	水工质塔式，3.7h 熔融盐储热	美国亮源能源有限公司/中国电力工程顾问集团西北电力设计院有限公司	15	—
6	中国三峡新能源有限公司金塔熔盐塔式 10 万 kW 光热发电项目	中国三峡新能源有限公司	熔盐塔式，8h 熔融盐储热	北京首航艾启威节能技术股份有限公司/中国电建西北勘测设计研究院有限公司	15.82	该项目于 2017 年 5 月发布 EPC 总承包招标公告，于 6 月 28 日开标，但一直未定标。此前，项目方向国家能源局提交承诺书，计划延期至 2020 年底前投运
7	达华工程管理（集团）有限公司尚义水工质塔式 5 万 kW 光热发电项目	达华工程管理（集团）有限公司、中国科学院电工研究所	水工质塔式，4h 熔融盐储热	中国科学院电工研究所	17	目前，该项目并网手续已备案，并委托国网经济技术研究院有限公司进行了接入系统的设计。计划延期至 2019 年底前开工建设。计划延期于 2018 年 4 月开工建设

121

续表

序号	项目名称	项目投资企业	技术路线	技术来源与系统集成企业	系统转换效率（企业承诺，%）	项目建设进度情况
8	玉门鑫能光热第一电力有限公司熔盐塔式5万kW光热发电项目	玉门鑫能光热第一电力有限公司	熔盐塔式，熔岩二次反射6h	上海晶电新能源有限公司/江苏鑫晨光热技术有限公司	18.5	目前该项目正在进行二次反射塔塔架的焊接组装及定日镜的安装工作。项目一号模块的整体安装工作基本结束，4月份开始二号至五号模块的建设工作，力争2018年底实现并网发电
9	北京国华电力有限责任公司玉门熔盐塔式10万kW光热发电项目	北京国华电力有限责任公司	熔盐塔式，10h熔融盐储热	北京首航艾启威节能技术股份有限公司	16.5	—
				槽式		
1	常州龙腾太阳能热电设备有限公司玉门东镇导热油槽式5万kW光热发电项目	常州龙腾太阳能热电设备有限公司	导热油槽式，7h熔融盐储热	常州龙腾太阳能热电设备有限公司	24.6	目前，该项目开工建设前的规划选址、土地征用等全部前期手续的办理、同期完成了汽轮机、发电机、硅油的招标采购、导热油（硅油）已经开始分批运输到玉门东镇项目现场。项目计划2019年底建成并网发电
2	深圳市金钒能源科技有限公司阿克塞5万kW熔盐槽式光热发电项目	深圳市金钒能源科技有限公司	熔盐槽式，15h熔融盐储热	天津滨海光热发电投资有限公司	21	目前该项目已完成集热场桩基全部浇筑任务。桩基承台和封闭蓄水池完成浇筑；发电主厂房、储热罐完成基础开挖，进入基础浇筑阶段；此外，配套建设的110kV汇流升压站已开工建设

续表

序号	项目名称	项目投资企业	技术路线	技术来源与系统集成企业	系统转换效率（企业承诺,%）	项目建设进度情况
3	中海阳能源集团股份有限公司玉门东镇导热油槽式5万kW光热发电项目	中海阳能源集团股份有限公司	导热油槽式、7h熔融盐储热	中海阳能源集团股份有限公司	24.6	该项目已完成开工建设前全部手续的办理；太阳岛及常规岛EPC已定标。项目工程指挥部已经入场进行前期准备工作，项目计划于2018年6月30日前正式开工建设，计划于2019年6月底建成并网发电
4	内蒙古中核龙腾新能源有限公司乌拉特中旗导热油槽式10万kW光热发电项目	内蒙古中核龙腾新能源有限公司	导热油槽式、4h熔融盐储热	常州龙腾太阳能热电设备有限公司/内蒙古中核龙腾新能源有限公司	26.76	目前该项目已完成场平施工，发电机组设备的招标工作，计划于2019年底建成并网发电
5	中广核太阳能德令哈有限公司导热油槽式5万kW光热发电项目	中广核太阳能德令哈有限公司	导热油槽式、9h熔融盐储热	中广核太阳能开发有限公司	14.03	目前该项目土建工作已基本完成，设备安装也接近尾声，计划2018年6月底前完成首次并网
6	中节能甘肃武威太阳能发电有限公司古浪导热油槽式10万kW光热发电项目	中节能甘肃武威太阳能发电有限公司	导热油槽式、7h熔融盐储热	常州龙腾太阳能热电设备有限公司/中节能太阳能股份有限公司	14	项目计划延期至2020年底前投运

续表

序号	项目名称	项目投资企业	技术路线	技术来源与系统集成企业	系统转换效率（企业承诺，%）	项目建设进度情况
7	中阳张家口蔚北能源有限公司敦煌熔盐槽式 6.4 万 kW 光热发电项目	中阳张家口蔚北能源有限公司	熔盐槽式，16h 熔融盐储热	天源公司/中阳张家口蔚北能源有限公司	21.5	项目方已对集热系统、储热系统、发电系统的设备进行了摸底，招标文件正在拟定中。项目计划延期至 2019 年底前投运
1	兰州大成科技股份有限公司敦煌熔盐线性菲涅尔式 5 万 kW 光热发电示范项目	兰州大成科技股份有限公司	熔盐线性菲涅尔式，13h 熔融盐储热	菲涅尔式 兰州大成科技股份有限公司	16.7	2018 年 3 月召开项目初步设计评审会。预计 2019 年 6 月底建成并网发电
2	北方联合电力有限责任公司乌拉特旗导热油菲涅尔式 5 万 kW 光热发电项目	华能北方联合电力有限责任公司	导热油菲涅尔式，6h 熔融盐储热	中国华能集团清洁能源技术研究院	18.5	—
3	中信张北新能源开发有限公司水工质类菲涅尔式 5 万 kW 光热发电项目	中信张北新能源开发有限公司	水工质类菲涅尔式，14h 全固态配方混凝土储热	北京兆阳光热技术有限公司	10.5	—
4	张北华强兆阳能源有限公司张家口水工质类菲涅尔式 5 万 kW 太阳能热发电项目	张北华强兆阳能源有限公司	水工质类菲涅尔式，14h 全固态配方混凝土储热	北京兆阳光热技术有限公司	11.9	截至目前该项目已基本建成，进入调试阶段。项目计划于 2019 年底前投运

附录 4　2017 年新增行业标准目录

序号	标准名称	标准号	发布/实施日期	标准起草单位	主管部门	归口单位
			国家标准			
1	风力发电机组　装配和安装规范	GB/T 19568—2017	2017－12－29/ 2018－07－01	山东中车风电有限公司	中国机械工业联合会	全国风力机械标准化技术委员会
2	风力发电机组　安全手册	GB/T 35204—2017	2017－12－29/ 2018－07－01	北京金风科创风电设备有限公司	中国机械工业联合会	全国风力机械标准化技术委员会
3	电励磁直驱风力发电机组	GB/T 35207—2017	2017－12－29/ 2018－07－01	中国航天万源国际（集团）有限公司	中国机械工业联合会	全国风力机械标准化技术委员会
4	小型风力发电机组　第1部分：技术条件	GB/T 19068.1—2017	2017－11－01/ 2018－05－01	中国农业机械化科学研究院呼和浩特分院	中国机械工业联合会	全国风力机械标准化技术委员会
5	小型风力发电机组　第2部分：试验方法	GB/T 19068.2—2017	2017－11－01/ 2018－05－01	中国农业机械化科学研究院呼和浩特分院	中国机械工业联合会	全国风力机械标准化技术委员会
6	小型风力发电机组用发电机　第1部分：技术条件	GB/T 10760.1—2017	2017－10－14/ 2018－05－01	宁波锦浪新能源科技股份有限公司	中国机械工业联合会	全国风力机械标准化技术委员会

续表

序号	标准名称	标准号	发布/实施日期	标准起草单位	主管部门	归口单位
7	小型风力发电机组用发电机 第2部分: 试验方法	GB/T 10760.2—2017	2017-10-14/2018-05-01	宁波锦浪新能源科技股份有限公司	中国机械工业联合会	全国风力机械标准化技术委员会
8	失速型风力发电机组控制系统技术条件	GB/T 19069—2017	2017-10-14/2018-05-01	北京科诺伟业科技股份有限公司	中国机械工业联合会	全国风力机械标准化技术委员会
9	失速型风力发电机组控制系统试验方法	GB/T 19070—2017	2017-10-14/2018-05-01	北京科诺伟业科技股份有限公司	中国机械工业联合会	全国风力机械标准化技术委员会
10	小型风力发电机组用控制器	GB/T 34521—2017	2017-10-14/2018-05-01	合肥为民电源有限公司	中国机械工业联合会	全国风力机械标准化技术委员会
11	风力发电机组 主轴	GB/T 34524—2017	2017-10-14/2018-05-01	山东中车风电有限公司	中国机械工业联合会	全国风力机械标准化技术委员会
12	小型风力发电机组	GB/T 17646—2017	2017-07-12/2018-02-01	中国农业机械化科学研究院呼和浩特分院	中国机械工业联合会	全国风力机械标准化技术委员会
13	风力发电机组验收规范	GB/T 20319—2017	2017-07-12/2018-02-01	中国农业机械化科学研究院呼和浩特分院	中国机械工业联合会	全国风力机械标准化技术委员会

续表

序号	标准名称	标准号	发布/实施日期	标准起草单位	主管部门	归口单位
14	额定电压 6kV （U_m=7.2kV）到 35kV （U_m=40.5kV）风力发电用耐扭曲软电缆	GB/T 33606—2017	2017-05-12/ 2017-12-01	上海电缆研究所	中国电器工业协会	全国电线电缆标准化技术委员会
15	滚动轴承 风力发电机组齿轮箱轴承	GB/T 33623—2017	2017-05-12/ 2017-12-01	洛阳轴承研究所有限公司	中国机械工业联合会	全国滚动轴承标准化技术委员会
16	风力发电机组 高强螺纹连接副安装技术要求	GB/T 33628—2017	2017-05-12/ 2017-12-01	国电联合动力技术有限公司	中国机械工业联合会	全国风力机械标准化技术委员会
17	风力发电机组 雷电保护	GB/T 33629—2017	2017-05-12/ 2017-12-01	美泽风电设备制造（内蒙古）有限公司	中国机械工业联合会	全国风力机械标准化技术委员会
18	海上风力发电机组 防腐规范	GB/T 33630—2017	2017-05-12/ 2017-12-01	中船重工（重庆）海装风电设备有限公司	中国机械工业联合会	全国风力机械标准化技术委员会
19	风力发电机组专用润滑剂 第1部分：轴承润滑脂	GB/T 33540.1—2017	2017-03-09/ 2017-10-01	鞍山海华油脂化学有限公司	国家标准化管理委员会	全国石油产品和润滑剂标准化技术委员会
20	风力发电机组专用润滑剂 第2部分：开式齿轮润滑脂	GB/T 33540.2—2017	2017-03-09/ 2017-10-01	中国石化润滑油有限公司	国家标准化管理委员会	全国石油产品和润滑剂标准化技术委员会

续表

序号	标准名称	标准号	发布/实施日期	标准起草单位	主管部门	归口单位
21	风力发电机组专用润滑剂 第3部分：变速箱齿轮油	GB/T 33540.3—2017	2017-03-09/ 2017-10-01	中国石化润滑油有限公司	国家标准化管理委员会	全国石油产品和润滑剂标准化技术委员会
22	风力发电机组专用润滑剂 第4部分：液压油	GB/T 33540.4—2017	2017-03-09/ 2017-10-01	中国石化润滑油有限公司	国家标准化管理委员会	全国石油产品和润滑剂标准化技术委员会
23	光伏发电站标识系统编码导则	GB/T 35691—2017	2017-12-29/ 2018-07-01	上海电力新能源发展有限公司	中国电力企业联合会	中国电力企业联合会
24	光伏发电站安全规程	GB/T 35694—2017	2017-12-29/ 2018-07-01	大唐新疆发电有限公司	中国电力企业联合会	中国电力企业联合会
25	光伏发电站无功补偿装置检测技术规程	GB/T 34931—2017	2017-11-01/ 2018-05-01	中国电力科学研究院	中国电力企业联合会	中国电力企业联合会
26	分布式光伏发电系统远程监控技术规范	GB/T 34932—2017	2017-11-01/ 2018-05-01	中国电力科学研究院	中国电力企业联合会	中国电力企业联合会
27	光伏发电站汇流箱检测技术规程	GB/T 34933—2017	2017-11-01/ 2018-05-01	中国电力科学研究院	中国电力企业联合会	中国电力企业联合会
28	光伏发电站汇流箱技术要求	GB/T 34936—2017	2017-11-01/ 2018-05-01	内蒙古神舟光伏电力有限公司	中国电力企业联合会	中国电力企业联合会

续表

序号	标准名称	标准号	发布/实施日期	标准起草单位	主管部门	归口单位
29	光伏用树脂金刚石切割线	GB/T 34983—2017	2017-11-01/ 2018-02-01	浙江瑞翌新材料科技股份有限公司	国家标准化管理委员会	全国半导体设备和材料标准化技术委员会
30	光伏真空玻璃	GB/T 34337—2017	2017-10-14/ 2018-09-01	北京新立基真空玻璃技术有限公司	中国建筑材料联合会	全国工业玻璃和特种玻璃标准化技术委员会
31	光伏玻璃 湿热大气环境自然曝露试验方法及性能评价	GB/T 34561—2017	2017-10-14/ 2018-09-01	江苏赛拉弗光伏系统有限公司	中国建筑材料联合会	全国工业玻璃和特种玻璃标准化技术委员会
32	光伏玻璃 干热砂土大气环境自然曝露试验方法及性能评价	GB/T 34613—2017	2017-10-14/ 2018-09-01	国家建筑材料工业太阳能光伏（电）产品质量监督检验中心	中国建筑材料联合会	全国工业玻璃和特种玻璃标准化技术委员会
33	光伏玻璃 温和气候下城市环境自然曝露试验方法及性能评价	GB/T 34614—2017	2017-10-14/ 2018-09-01	国家建筑材料工业太阳能光伏（电）产品质量监督检验中心	中国建筑材料联合会	全国工业玻璃和特种玻璃标准化技术委员会
34	光伏系统用直流断路器通用技术要求	GB/T 34581—2017	2017-09-29/ 2018-04-01	上海电器科学研究院	中国电器工业协会	全国低压电器标准化技术委员会
35	地面用光伏组件光电转换效率检测方法	GB/T 34160—2017	2017-09-07/ 2018-04-01	国家太阳能光伏产品质量监督检验中心	国家质量监督检验检疫总局	中国标准化研究院

续表

序号	标准名称	标准号	发布/实施日期	标准起草单位	主管部门	归口单位
36	光伏玻璃 多因素耦合环境加速老化试验方法	GB/T 34179—2017	2017-09-07/ 2018-08-01	中国建材检验认证集团股份有限公司	中国建筑材料联合会	全国工业玻璃和特种玻璃标准化技术委员会
37	独立光伏系统验收规范	GB/T 33764—2017	2017-05-31/ 2017-12-01	国家太阳能光伏产品质量监督检验中心	国家质量监督检验检疫总局	中国标准化研究院
38	地面光伏系统用直流连接器	GB/T 33765—2017	2017-05-31/ 2017-12-01	浙江人和光伏科技有限公司	国家质量监督检验检疫总局	中国标准化研究院
39	独立太阳能光伏电源系统技术要求	GB/T 33766—2017	2017-05-31/ 2017-12-01	深圳市创益科技发展有限公司	国家质量监督检验检疫总局	中国标准化研究院
40	光伏发电站并网运行控制规范	GB/T 33599—2017	2017-05-31/ 2017-12-01	中国电力科学研究院	中国电力企业联合会	中国电力企业联合会
41	海洋能电站技术经济评价导则	GB/T 35724—2017	2017-12-29/ 2018-07-01	国家海洋技术中心	国家海洋局	全国海洋标准化技术委员会
42	分布式光伏发电系统远程监控技术规范	GB/T 34932—2017	2017-11-01/ 2018-05-01	中国电力科学研究院	中国电力企业联合会	中国电力企业联合会
43	分布式电源并网运行控制规范	GB/T 33592—2017	2017-05-12/ 2017-12-01	中国电力科学研究院	中国电力企业联合会	中国电力企业联合会

续表

序号	标准名称	标准号	发布/实施日期	标准起草单位	主管部门	归口单位
44	分布式电源并网技术要求	GB/T 33593—2017	2017-05-12/2017-12-01	中国电力科学研究院	中国电力企业联合会	中国电力企业联合会
行业标准						
1	风电清洁供热可行性研究专篇编制规程	NB/T 31114—2017	2017-11-15/2018-03-01	—	国家能源局	能源行业风电标准化技术委员会风电场并网管理分技术委员会
2	风电机组高压穿越测试规程	NB/T 31111—2017	2017-08-02/2017-12-01	中国电力科学研究院	国家能源局	—
3	高原风力发电机组用全功率变流器试验方法	NB/T 31123—2017	2017-11-15/2018-03-01	—	国家能源局	—
4	风力发电设备 干热特殊环境条件与技术要求	NB/T 31119—2017	2017-11-15/2018-03-01	—	国家能源局	—
5	风力发电设备 湿热特殊环境条件与技术要求	NB/T 31120—2017	2017-11-15/2018-03-01	—	国家能源局	—
6	风力发电设备 寒冷特殊环境条件与技术要求	NB/T 31121—2017	2017-11-15/2018-03-01	—	国家能源局	—

续表

序号	标准名称	标准号	发布/实施日期	标准起草单位	主管部门	归口单位
7	风力发电机组在线状态监测系统技术规范	NB/T 31122—2017	2017－11－15/ 2018－03－01	—	国家能源局	—
8	高原双馈风力发电机技术规范	NB/T 31124—2017	2017－11－15/ 2018－03－01	—	国家能源局	—
9	高原永磁同步风力发电机技术规范	NB/T 31125—2017	2017－11－15/ 2018－03－01	—	国家能源局	—
10	风力发电机组变桨驱动变频器技术规范	NB/T 31126—2017	2017－11－15/ 2018－03－01	—	国家能源局	—
11	低风速风力发电机组选型导则	NB/T 31107—2017	2017－03－28/ 2017－08－01	中国电建集团西北勘测设计研究院有限公司	国家能源局	能源行业风电标准化技术委员会风电场规划设计分技术委员会
12	光伏组件环境试验要求通则	NB/T 42131—2017	2017－11－15/ 2018－03－01	—	国家能源局	—
13	光伏发电工程达标投产验收规程	NB/T 32036—2017	2017－11－15/ 2018－03－01	—	国家能源局	—
14	光伏发电工程安全预评价规程	NB/T 32039—2017	2017－11－15/ 2018－03－01	—	国家能源局	—

续表

序号	标准名称	标准号	发布/实施日期	标准起草单位	主管部门	归口单位
15	光伏发电建设项目文件归档与档案整理规范	NB/T 32037—2017	2017 - 11 - 15/ 2018 - 03 - 01	—	国家能源局	—
16	光伏发电工程安全验收评价规程	NB/T 32038—2017	2017 - 11 - 15/ 2018 - 03 - 01	—	国家能源局	—
17	光伏发电工程劳动安全与职业卫生设计规范	NB/T 32040—2017	2017 - 11 - 15/ 2018 - 03 - 01	—	国家能源局	—
18	光伏产品环境条件 气候环境条件分类分级	NB/T 42130—2017	2017 - 11 - 15/ 2018 - 03 - 01	—	国家能源局	—
19	光伏系统用铅酸蓄电池技术规范	NB/T 42139—2017	2017 - 11 - 15/ 2018 - 03 - 01	—	国家能源局	—
20	太阳能光伏发电规划编制规定	QX/T 397—2017	2017 - 10 - 30/ 2018 - 03 - 01	—	中国气象局	—

参 考 文 献

［1］ IEA. Renewable Information 2017．Paris，2017.

［2］ EPIA. Global Market outlook 2017－2021．Brussels，2017.

［3］ IRENA. Renewable Capacity Statistics 2017．Abu Dhabi，2018.

［4］ BP. Statistical Review of World Energy 2017．London，2017.

［5］ GWEC．全球风电市场发展报告 2017．Brussels，2017.

［6］ REN21. 2016 年全球可再生能源现状报告．Paris，2017.

［7］ 中国电力企业联合会．2017 年电力工业统计快报．北京，2017.

［8］ 中国光伏产业联盟．2017 年中国光伏产业发展报告．北京，2017.

［9］ 国家电网公司发展策划部，国网能源研究院．国际能源与电力统计手册（2017 版）．北京，2017.

［10］ GE. 2025 中国风电度电成本白皮书［R］．北京，2016.

［11］ 中国光伏行业协会．中国光伏行业发展路线图（2017 年版）．北京，2017.